ontents

No.01

Cache coeur
蝴蝶結開襟短上衣

穿著這款短上衣時，可以將連接前身片的繫帶，拉至背後打結固定。整件以簡單的鏤空圖案編織，是適合夏天的線衫。

design: 橫山純子 knitted: 山口陽子
yarn: HAMANAKA Paume Crochet（植物染）
how to make: page 38

No.01 - 1

color variations

俏麗短上衣以自然色編織才可愛。

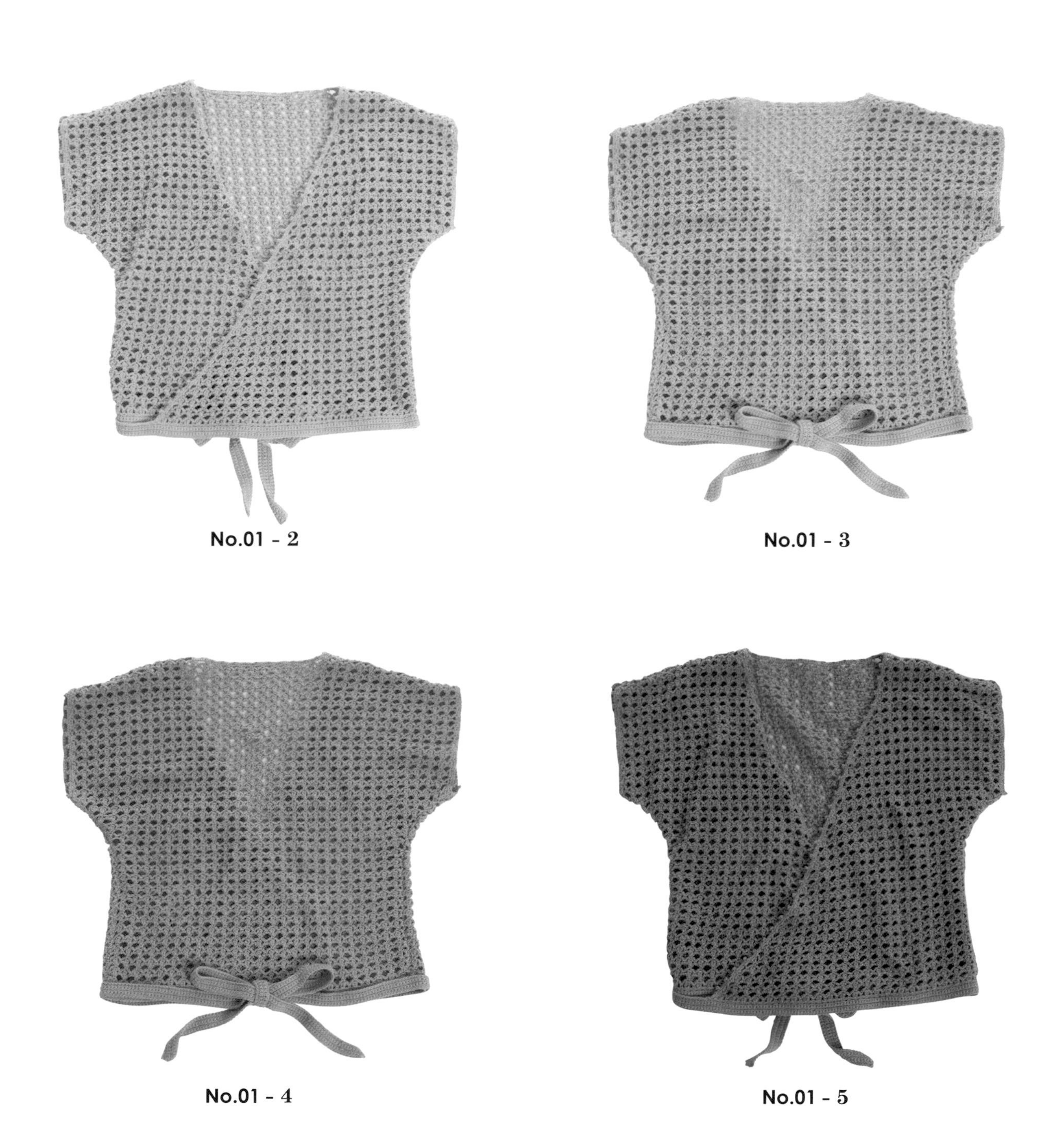

No.01 - 2

No.01 - 3

No.01 - 4

No.01 - 5

color variations

為襯托衣領的鏤空花樣，建議以柔和的顏色編織。

No.02 - 2

No.02 - 3

No.02 - 4

No.02 - 5

No.02

Bolero
斗篷風短上衣

大大的衣領輕柔的覆在肩上，這款短上衣展現斗篷般的風情。前身和衣領採連續編織，之後再和另外編織的後身片併縫接合。

design: 柴田 淳
yarn: Diamond毛線　A·LA·EL
how to make: page42

No.02 - 1

No.03

Camisole

Z字花樣吊帶短罩衫

將長方形織片在背後固定，就能完成這款簡單的吊帶短罩衫。它可以搭配T恤或無袖緊身衣，呈現多層次穿著風格。

design: 風工房
yarn: Olympus Cotton Novia
how to make: page40

No.03 - 1

color variations

別緻的吊帶短罩衫，可搭配季節以各種漂亮色彩編織。

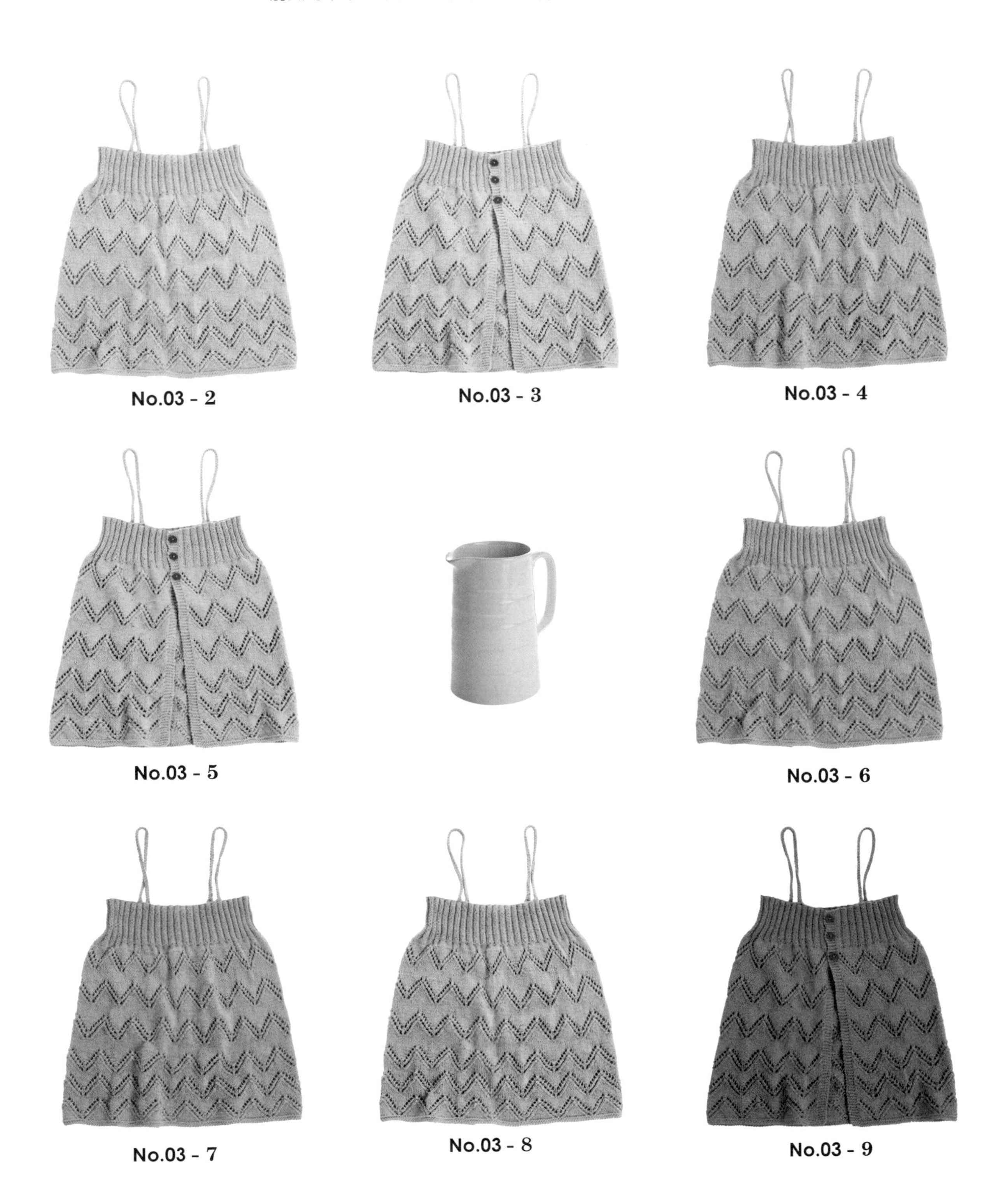

No.03 - 2　No.03 - 3　No.03 - 4

No.03 - 5　No.03 - 6

No.03 - 7　No.03 - 8　No.03 - 9

color variations

清爽的白底能搭配各色橫條紋。

No.04 - 2

No.04 - 3

No.04 - 4

No.04 - 5

No.04 - 1

No.04

Vest
羅紋編背心

輕便的前開背心，織有俏麗的條紋圖案。因採用羅紋編，所以織片富彈性，織成迷你尺寸，能充分展現俏皮可愛的感覺。

design: 橫山純子
yarn: HAMANAKA　柔棉
how to make: page44

No.05

Gilet
長披肩背心

這款長披肩式的背心，織法十分簡單，只要留出2個袖口就完成了。它的魅力是還能依不同心情變換穿著方式。

design: 笠間 綾　knitted: Kurauti Tiaki
yarn: Puppy (パピー) Cotton Kona
how to make: page45

No.05 - 1

color variations

猶如長披肩般的四方編織背心，色彩和穿法都能自由變化。

No.05 - 2

身長較短的設計，穿起來好似上下相反，
還呈現許多褶襴。

No.05 - 3

也可以率性地垂掛在胸前。

color variations

這些色彩也能讓大眾款式呈現酷帥風格。

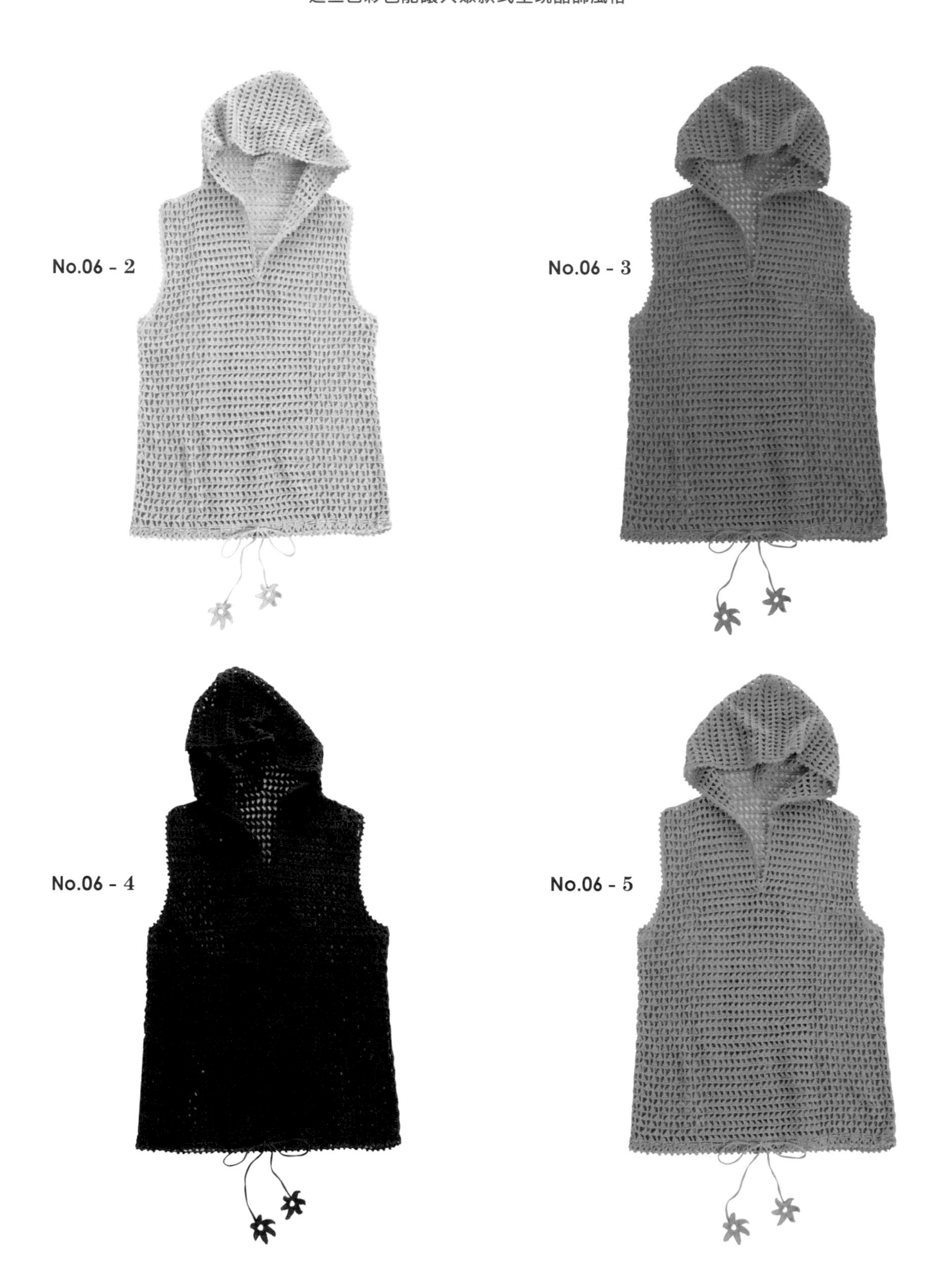

No.06 - 2

No.06 - 3

No.06 - 4

No.06 - 5

No.06

Vest
連帽背心

連帽背心搭配輕便服裝，連背影也能洋溢時髦活潑的氣息。組合條紋T恤，散發著青春的水手風。

design: 笠間 綾　knitted: 佐藤Hiromi
yarn: HAMANAKA　水洗棉 (Crochet)
how to make: page46

No.06 - 1

No.07

Vest
艾蘭圖案背心

這件艾蘭（Aran）圖案的編織品，讓人充分享受手工編織的樂趣。它的花樣雖然有點複雜，但只要直直的往前編織就行了，過程中完全不需要減針，也是很容易編織的款式。

design: 柴田 淳
yarn: HAMANAKA　柔棉
how to make: page48

No.07 - 1

color variations

適合夏天的艾蘭圖案，讓人想多織幾件不同的顏色。

No.07 - 2 No.07 - 3

No.07 - 4 No.07 - 5 No.07 - 6

No.07 - 7 No.07 - 8 No.07 - 9

No.08 - 1

No.08

Hat
小帽緣毛線帽

這款狀似麥桿帽般的線帽，是以凸編特色為呈現重點。配上以相同毛線編織的花飾和繫帶，更加散發女性柔美的氣息。

design: 林 久仁子
yarn: 橫田Daruma手織線　咖啡樹蔭
how to make: page49

color variations

利用適合搭配自然風格的色彩編織。

No.08 - 2

No.08 - 3

No.08 - 4

No.09 - 1

No.09

Béret

螺旋圖案貝雷帽

現在的貝雷帽都是能蓋住頭部的大尺寸，顯得十分迷人。圖案織法很簡單，輕鬆就能編織完成。

design: 笠間 綾
yarn: HAMANAKA　Flax K
how to make: page51

color variations

春至夏季都適合採用具清爽感的冷調色彩。

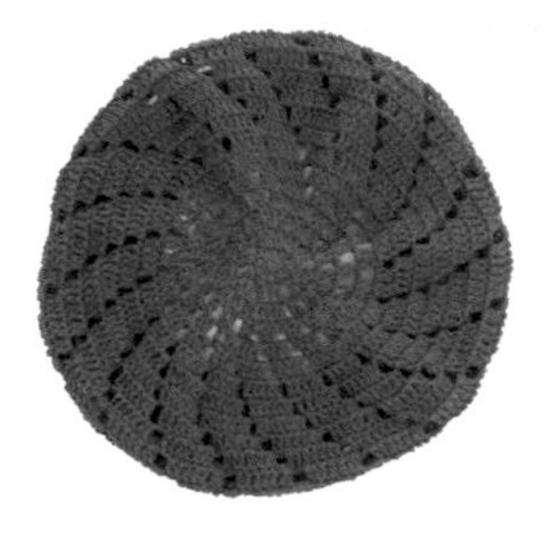

No.09 - 2

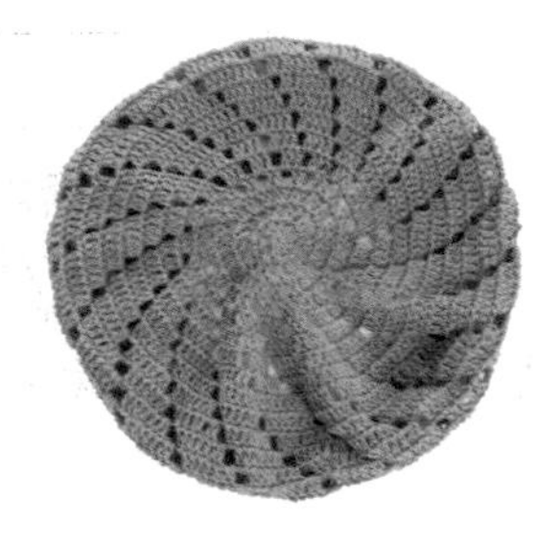

No.09 - 3

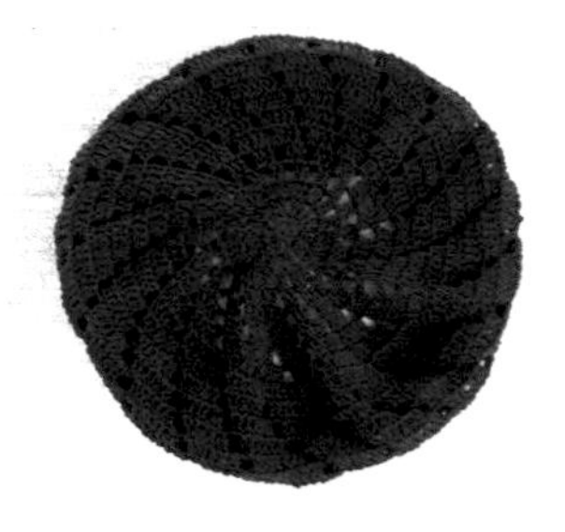

No.09 - 4

color variations

用最愛的顏色編織能多樣化穿搭的毛線上衣。

No.10 - 2

No.10 - 3

No.10 - 4

No.10 - 5

No.10

Cardigan
斜肩毛線上衣

基本款毛線上衣，在許多場合都能派上用場。斜肩、寬鬆的袖子設計，即使內搭衣服也很寬鬆舒適。

design: 橫山純子　knitted: 石田敏子
yarn: HAMANAKA　柔棉
how to make: page52

No.10 - 1

No.11 - 1

No.11

Shrug
貝殼編短外套

這件小外套的特色，是胸前隨意繫綁的設計。它除了能作為外搭服外，在冷氣房也能同時擁有保暖效果。

design: 柴田 淳
yarn: Diamond毛線　Isis (Cotton)
how to make: page59

color variations

輕鬆的短外套，適合用能搭配任何色彩的清爽顏色。

No.11 - 2

No.11 - 3

color variations

選用能搭配內衣色彩的顏色，也是編織時一大樂趣。

No.12 - 2

No.12 - 3

No.12 - 4

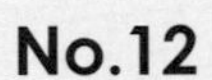

Pullover
鳳梨圖案的套衫

這件是具有鳳梨鏤空圖案的美麗套衫。幾乎呈半圓形的衣型輪廓，充分展現鏤空編織的趣味。

design: 風工房
yarn: Olympus　Linen Nature
how to make: page56

No.13

Tunic
無袖長罩衫

這件無袖長罩衫在設計上，強調能夠自然貼合人體曲線。衣襬和領口直接活用花樣編的小Z字線條，也是設計的重點。

design: 風工房
yarn: Olympus　Cotton Cuore
how to make: page60

No.13 - 1

color variations

使用2色的無袖長罩衫，組合不同的色彩能呈現截然不同的氛圍。

No.13 - 2

No.13 - 3

No.14

Stole
清爽迷你圍巾

這條質感輕柔的圍巾，以鏤空和玉編圖案組合而成。它可以搭配各式服裝，作為穿著上的重點特色。

design: 林 久仁子
yarn: Olympus Wafers
how to make: page62

No.14 - 1

color variations

春天的圍巾可選用輕柔的色彩輕鬆編織。

No.14 - 2

No.14 - 3

No.14 - 4

No.14 - 5

No.14 - 6

No.14 - 7

No.14 - 8

No.14 - 9

color variations

款式柔美的短上衣，以不會太柔美的顏色編織，才能達到最佳平衡。

No.15 - 2

No.15 - 3

No.15 - 4

No.15 - 1

No.15

Bolero
荷葉邊短上衣

這款短上衣，不論在衣領、前襟、下襬和袖口上都有荷葉邊，感覺十分柔美雅緻。不同的搭配方式，能夠顯得很輕便，也能顯得很優雅。

design: 林 久仁子
yarn: Olympus　Cotton Novia
how to make: page63

No.16

Tunic
花樣圖案長背心

這款柔美的長背心，具有花朵圖案及傘狀腰身線條。花樣部分是以相同的織片拼縫而成，是能夠輕鬆編織的設計。

design: 橫山純子　knitted: 內山Kahoru
yarn: HAMANAKA　水洗棉 (Crochet)
how to make: page53

No.16 - 1

color variations

以清爽色彩編織甜美動人，以較暗色彩編織則能展現略成熟的可愛風格。

No.16 - 2　　No.16 - 3

棒針編織

● 以手指掛線起針

＊以起伏編開始編織時，是以1根棒針起針。

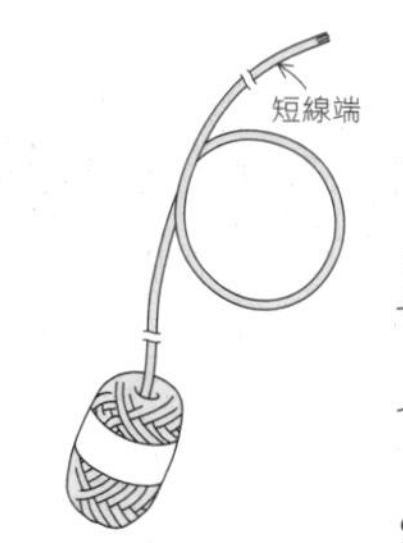

1
短線端需保留編織寬度約3倍的長度。

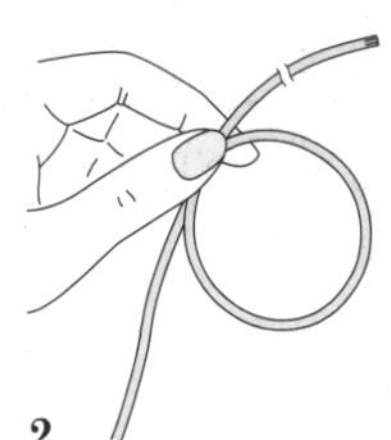

2
將線繞成圈環，用左手捏住。

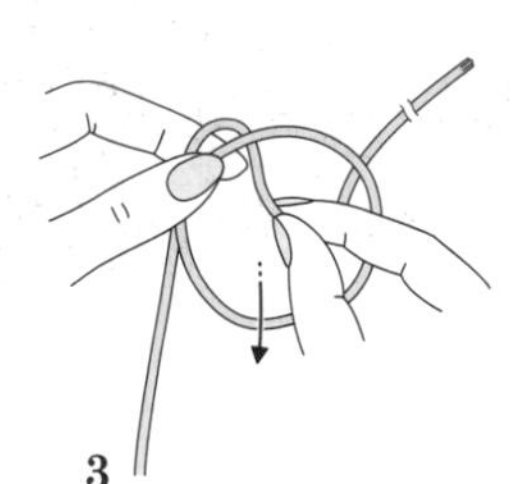

3
從線圈中央拉出短線端。

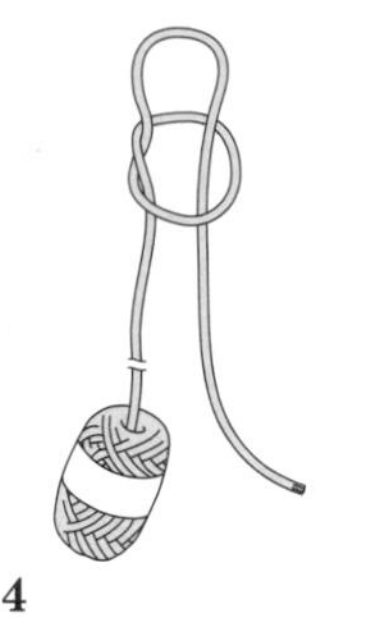

4
讓拉出的線形成小圈環。

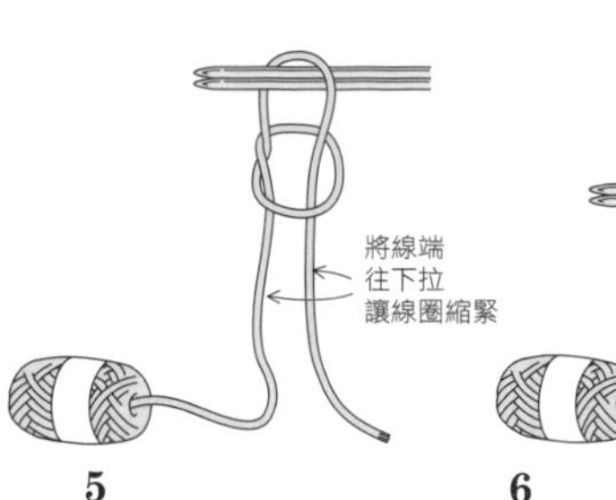

5
將2根棒針穿入小圈環中，下拉線端讓線圈縮緊。

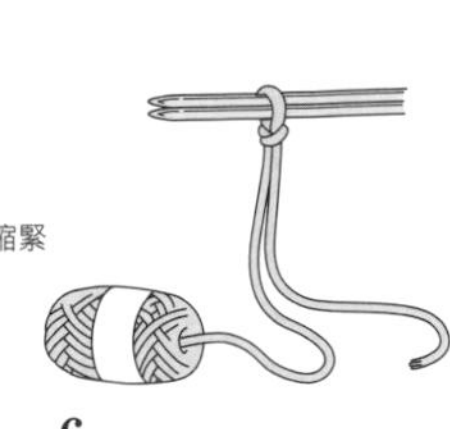

6
第1針完成編織。

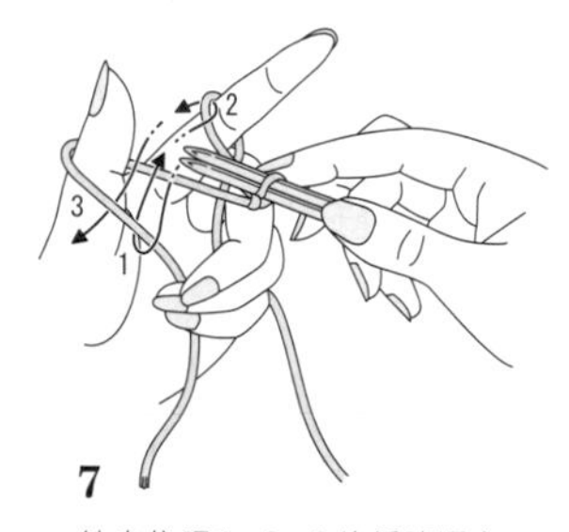

7
針尖依照**1**、**2**、**3**的編號順序移動，在針上掛線。

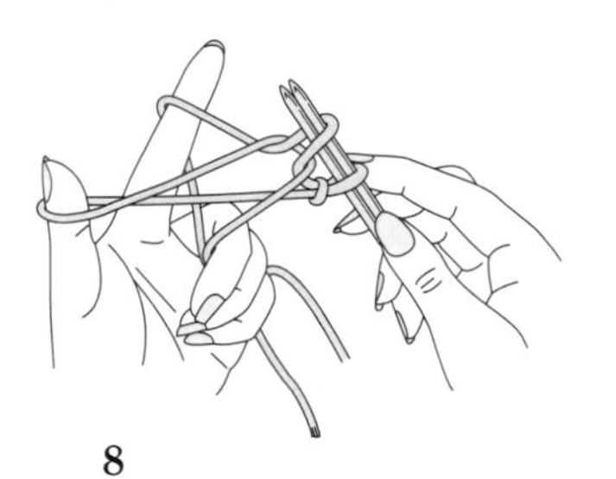

8
完成掛線。

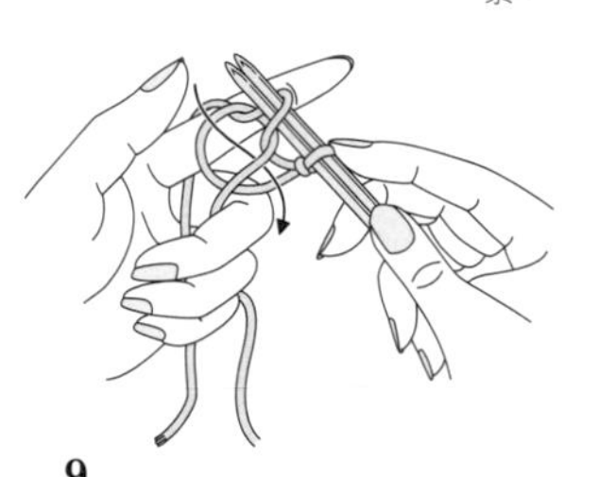

9
放掉掛在拇指上的線，拇指依箭號方向再伸入線中重新掛線。

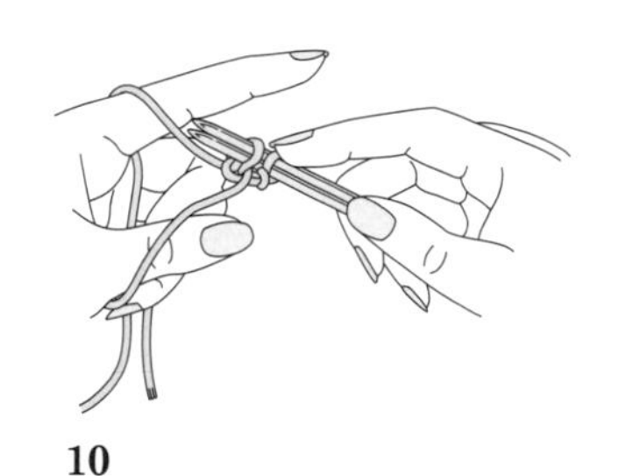

10
用拇指拉線，讓針目緊縮。重覆步驟**7**〜**10**，直到織完所需的針目數。

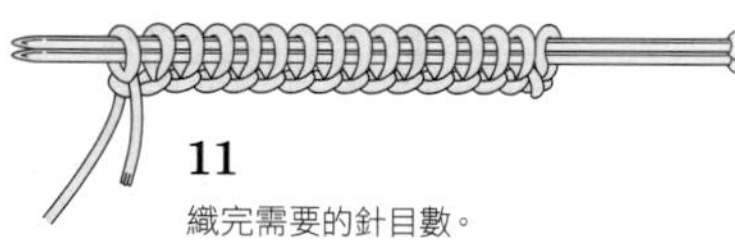

11
織完需要的針目數。

12
抽出1根棒針。

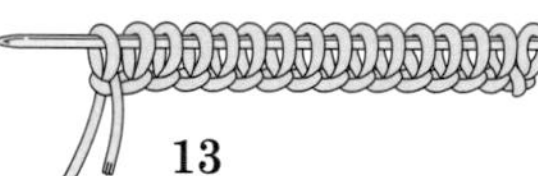

13
完成用手指掛線起針。這即是第1段。

● 下針（裡針、高針）

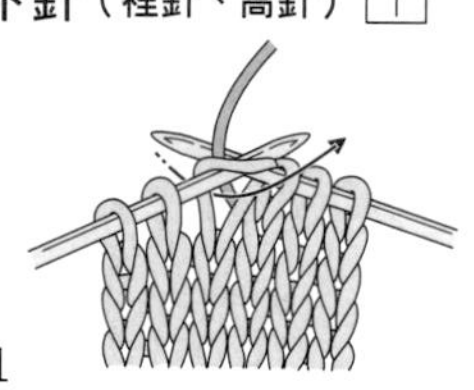

1
朝向線的後方，將右針從針目前面插入，再依箭號方向挑出線。

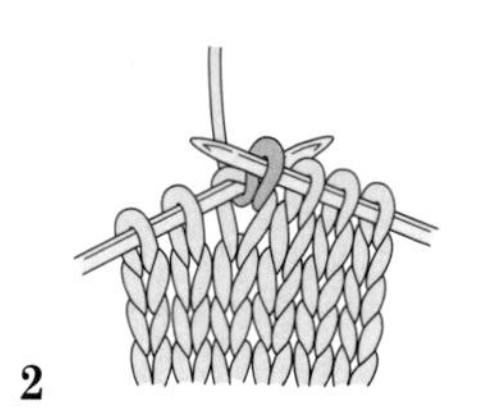

2
上圖是挑出線的情形。然後拉出左針放掉針目。

● 上針（表針、底針）

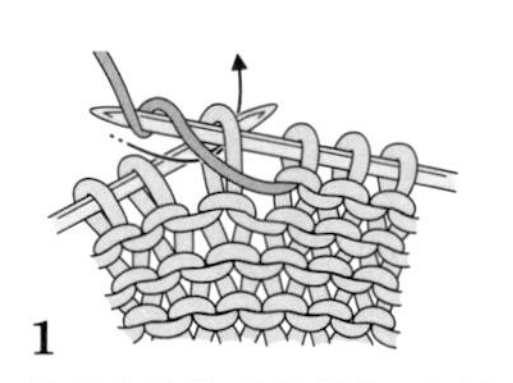

1
線置於前側，右針從針目右側插入，依箭號方向挑出線。

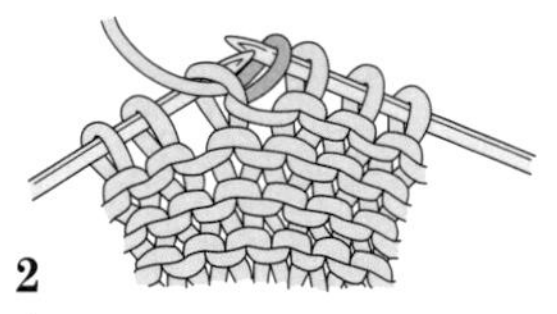

2
上圖是挑出線的情形。然後拉出左針放掉針目。

● 掛針

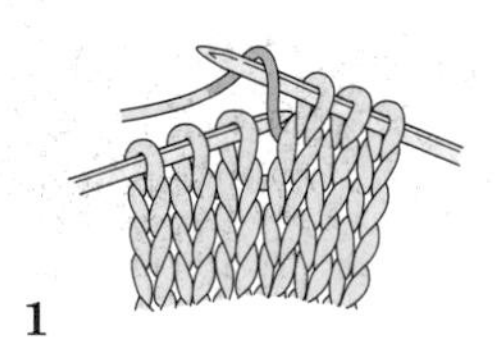

1
從前往後將線繞掛在右針上。

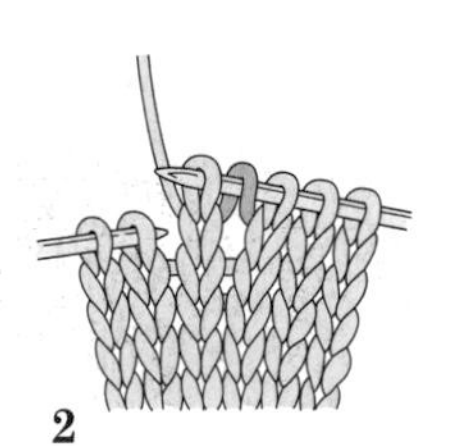

2
編織下一個針目。

● 左上2併針（下針）

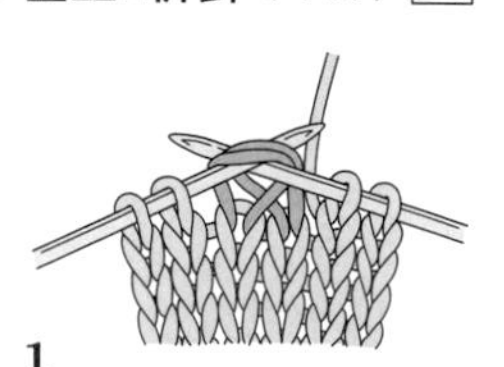

1
從2個針目的左側一起插入棒針。

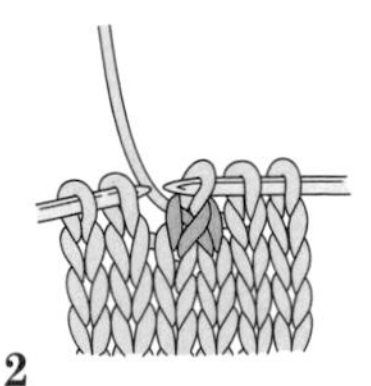

2
直接掛線編織下針。

● 右上2併針（下針）

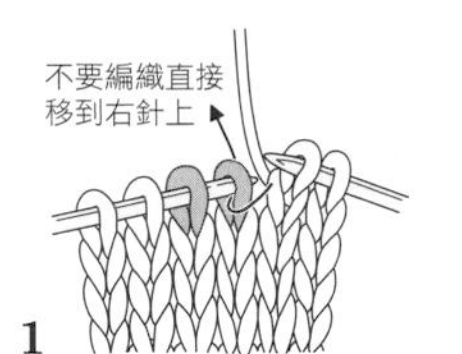

1 棒針依箭號方向穿入右針目中，不要編織，直接將針目移到右針上。

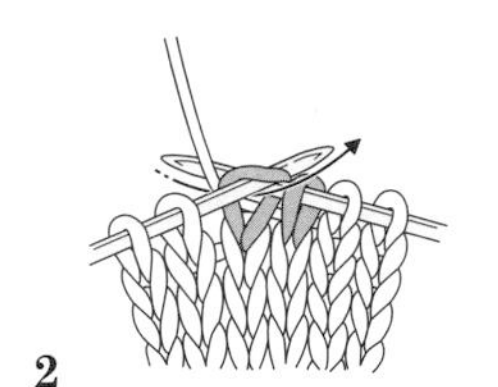
2 用下針編織下一個針目。

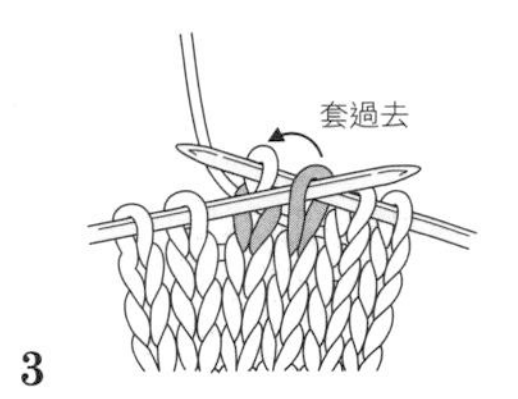

3 利用左針尖將最初移動的針目，套過剛編織的針目。

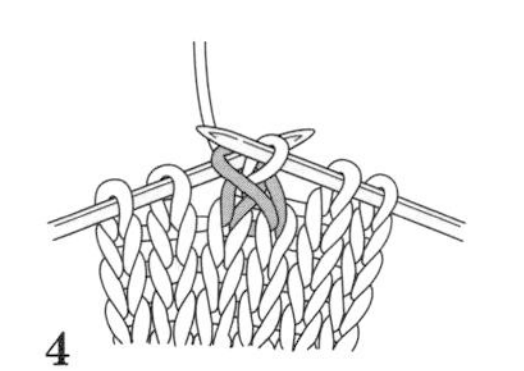
4 套過去之後，抽出左針放掉針目。

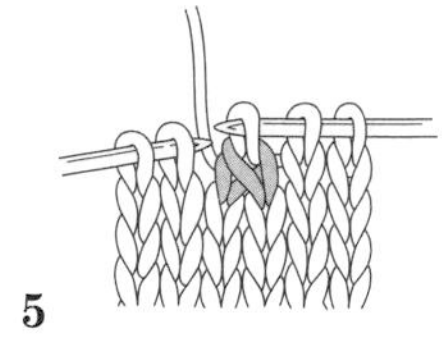
5 完成右上2併針。

● 套收針（下針）

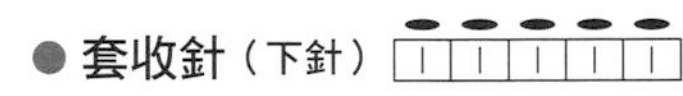

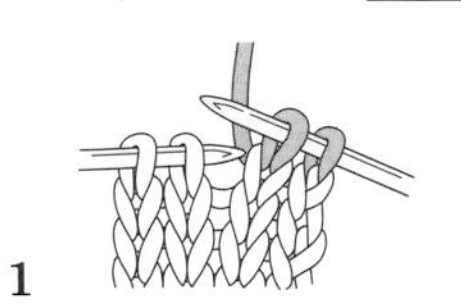
1 以下針編織邊端的2針目。

2 利用左針尖，將右針目套過左針目。

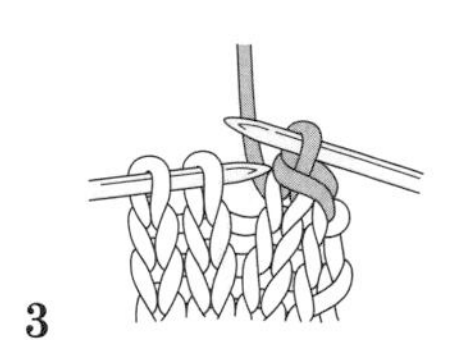
3 完成套收針。

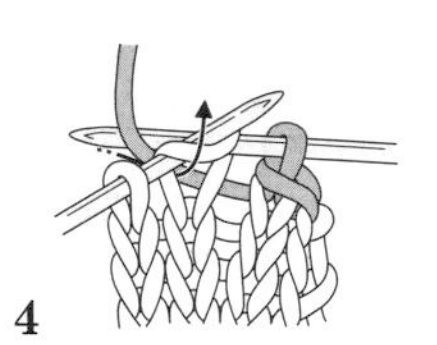
4 以下針編織下一個針目。

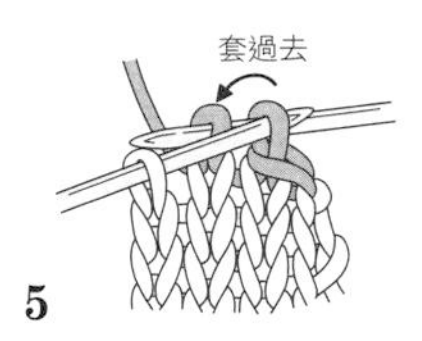

5 和步驟**2**一樣，將右針目套過左針目。接著重複步驟**4**和**5**。

● 套收針（上針）

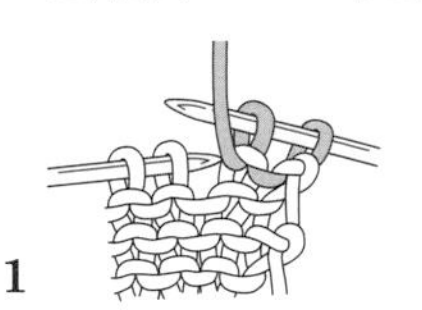
1 以上針編織邊端的2針目。

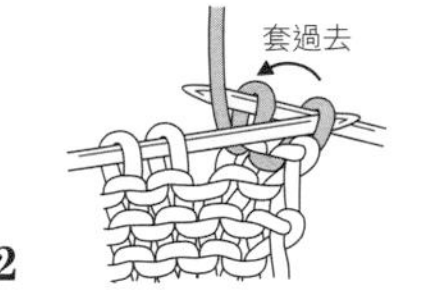

2 利用左針尖，將右針目套過左針目。

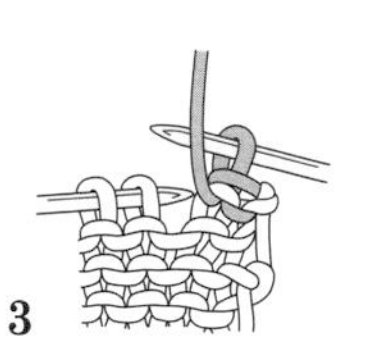
3 完成上針的套收針。

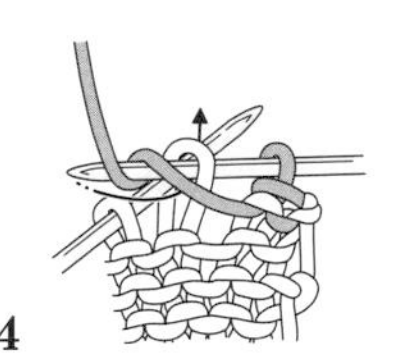
4 以上針編織下一個針目。

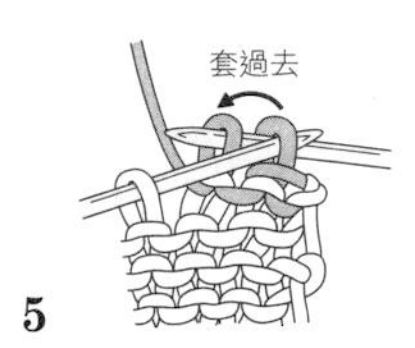

5 和步驟**2**一樣，將右針目套過左針目。接著重複步驟**4**和**5**。

● 左上3併針（下針）

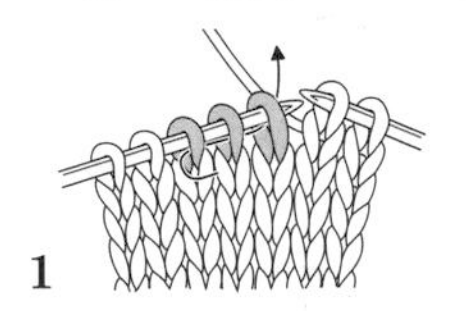
1 依箭號方向，將右針從3針目的左側一次穿過去。

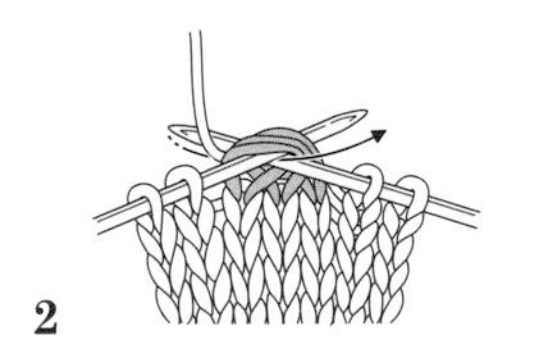
2 掛線後，依箭號方向用右針挑出線，3針目一起以下針編織。

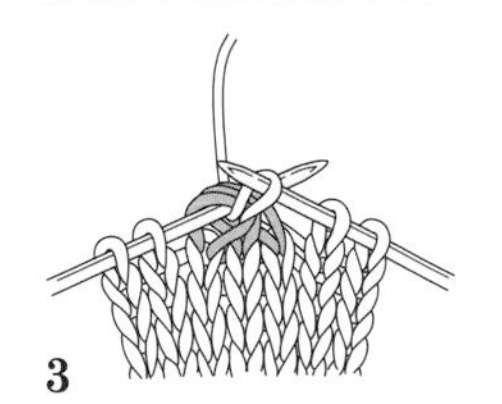
3 線挑出之後，抽出左針放掉3針目。

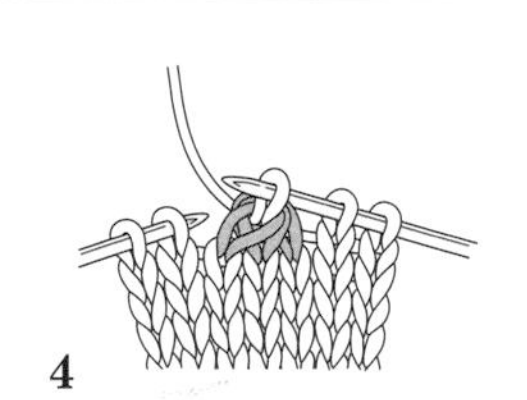
4 完成左上3併針。

● 右上3併針（下針）

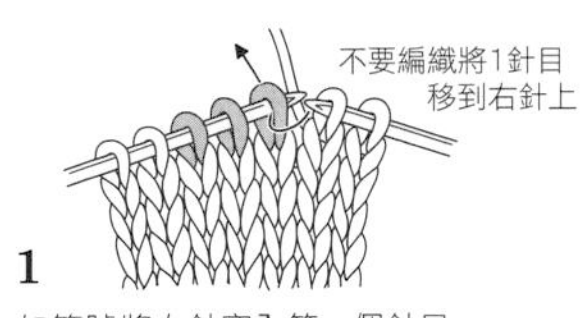

1 如箭號將右針穿入第一個針目中，不要編織，只要將針目移到右針上。

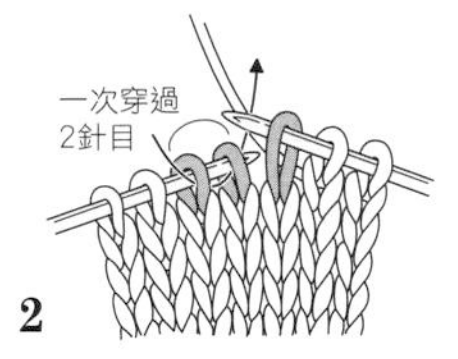

2 接著，將右針從下2個針目的左側一次穿過去。

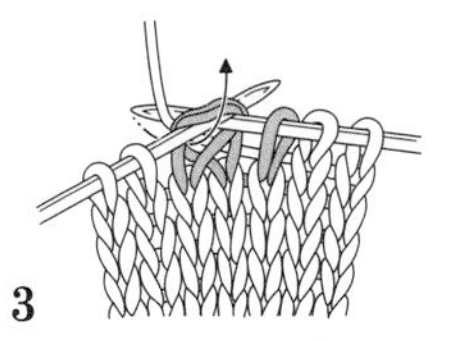
3 在右針上掛線後，挑出線，2針目一起以下針編織。

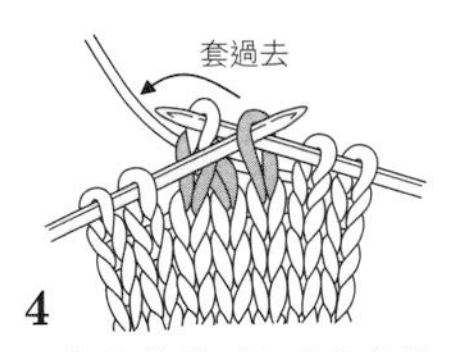

4 用左針將移到右針上的針目，套過挑出的針目。

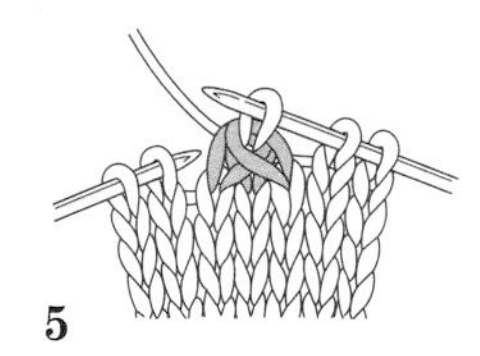
5 完成右上3併針。

● 引拔併縫

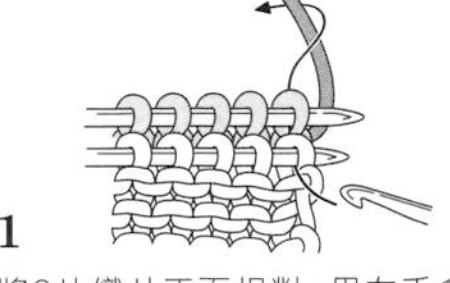
1 將2片織片正面相對，用左手拿著，依箭號方向，將鉤針穿過前側和後側的針目。

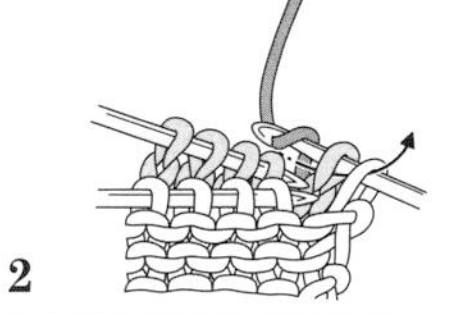
2 在鉤針上掛線後，將2針目一起引拔編織。

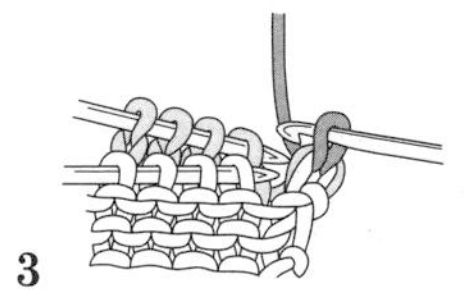
3 完成引拔針。

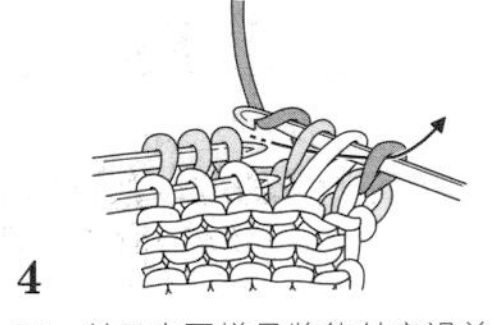
4 下一針目也同樣是將鉤針穿過前側和後側的針目，掛線後一起引拔編織。

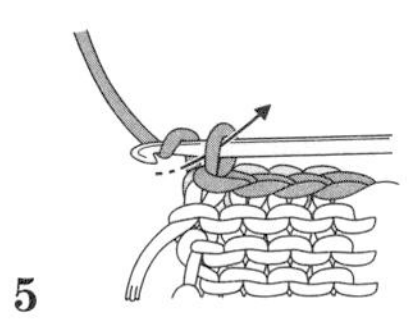
5 重複步驟**4**一直編織到最後。最後1針目鉤引拔針。

● 挑針併縫（平面編）

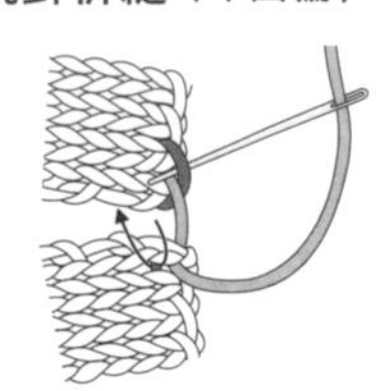

1

縫針挑穿前側和另一側的起針線。

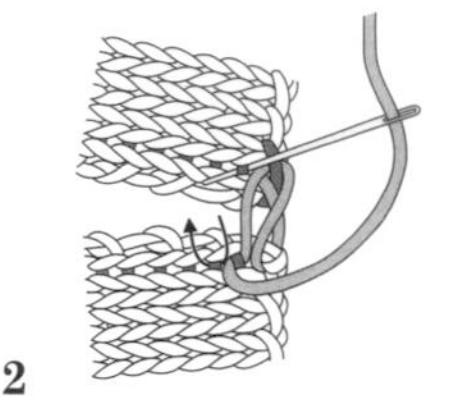

2

針再從1目的內側橫向挑穿，跨至對面側同樣橫向挑穿，交互做挑針併縫。

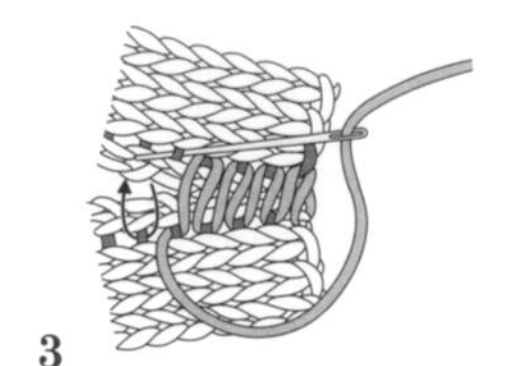

3

一面拉緊縫線，一面挑針併縫。

（平面編有減針時）

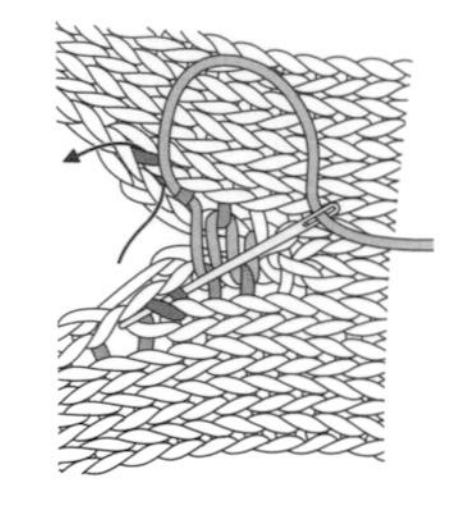

1

減針部分是縫針橫向挑穿1目內側的線，以及已減針的針目（另一側縫法相同）。

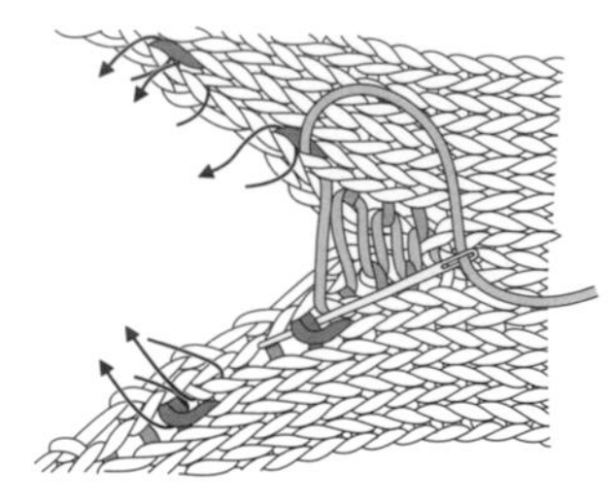

2

縫針再次穿過減針部分，然後橫向挑穿下段1目內側的線，一起併縫（另一側縫法相同）。

● 挑針併縫（起伏編・每段挑針的方法）

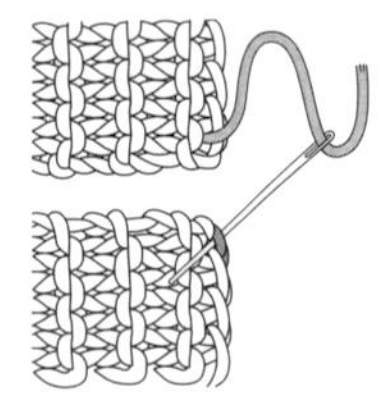

1

先挑穿前側的起針線。

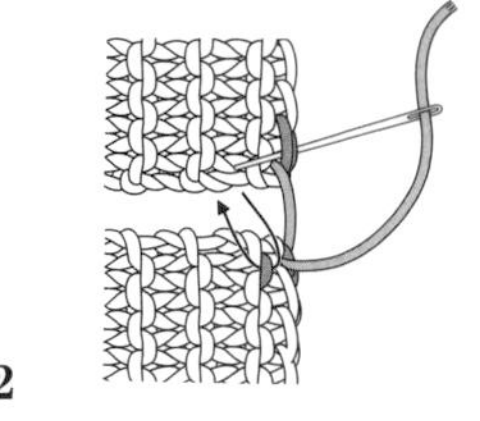

2

再挑穿另一側的起針線，然後挑穿1目內側朝下的針目。

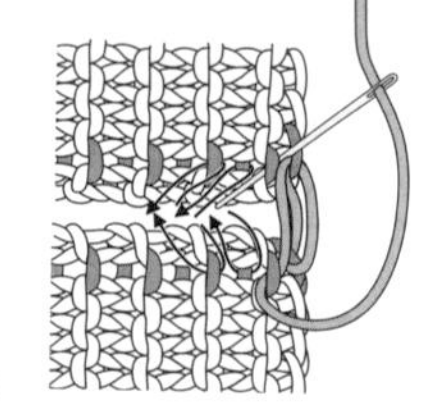

3

各段的下針和上針，都要挑穿1目內側朝下的針目來併縫。

鉤針編織

● 以鎖針起針

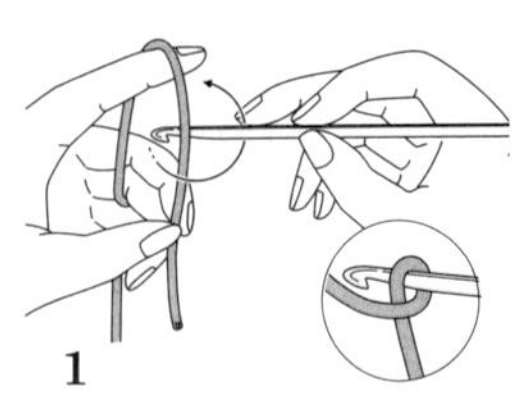

1

如插圖所示拿好鉤針。依照箭號方向將鉤針繞線1圈，將線掛到鉤針上。

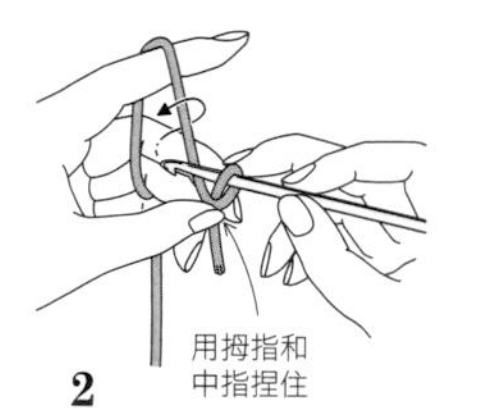

2

依箭號方向移動鉤針，掛線。

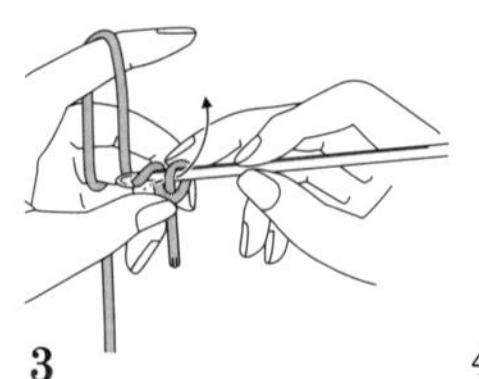

3

鉤出線。

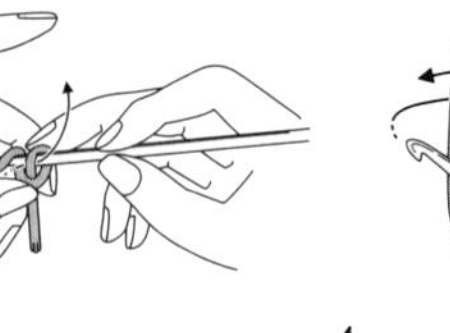

4

拉緊線端，依箭號方向再移動鉤針，掛線。

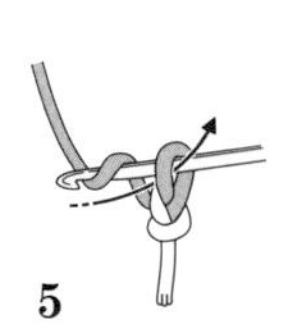

5

從掛在鉤針上的針目中鉤出線來。

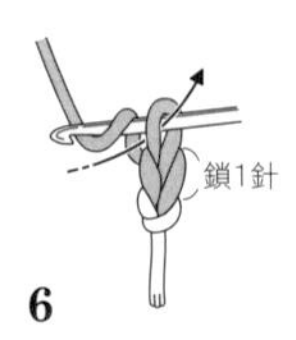

6

完針1針鎖針。重複步驟**4**、**5**鉤出所需的針數。

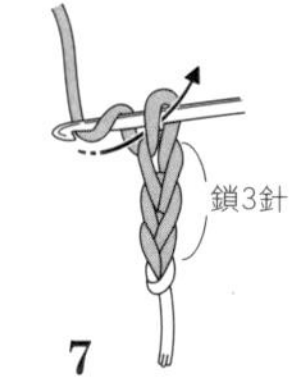

7

完成3針鎖針。

● 以鎖針做圈環起針

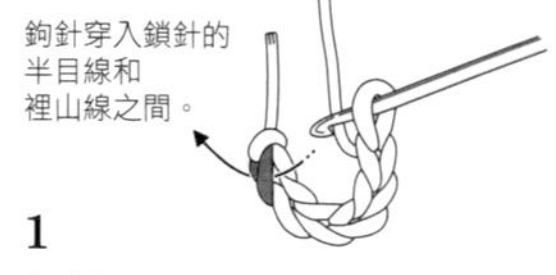

1

鉤出起針所需的鎖針，依箭號方向，將鉤針穿入最初的針目中。

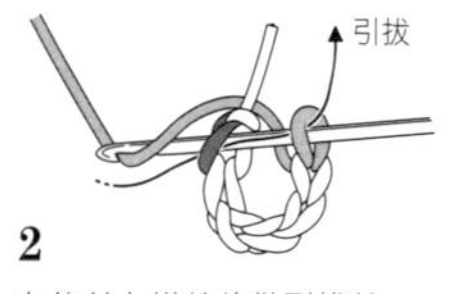

2

在鉤針上掛線後做引拔針。

3

完成引拔針。完成圈環的起針。

● 手指繞線做圈環起針

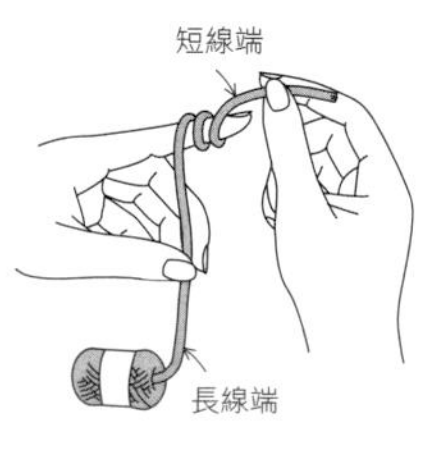

1

用左手食指朝前繞線2圈。

2

用右手一面捏住繞好的線圈，以免鬆散，一面將線圈拉出左手指。

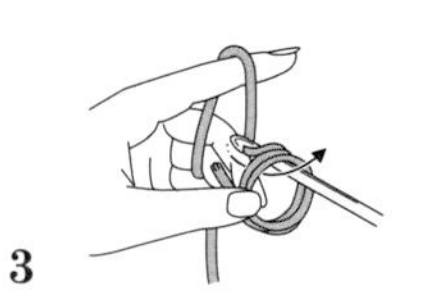

3

改用左手捏住脫離手指的線圈。在線圈中穿入鉤針，掛線後鉤出。

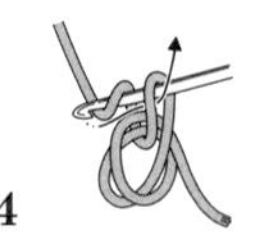

4

在線圈外側將鉤針掛線，再次做引拔針。

5

一面捏住線圈，以免鬆散，一面拉緊針目。

● 短針 十

1
鉤織立起的1鎖針，將鉤針穿過起針的裡山。

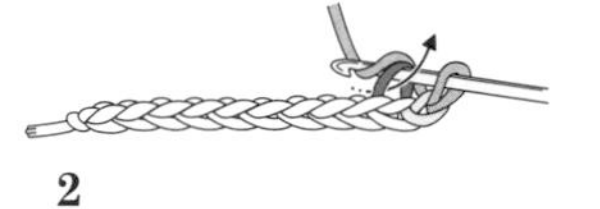

2
在針上掛線，依箭號方向鉤出線。

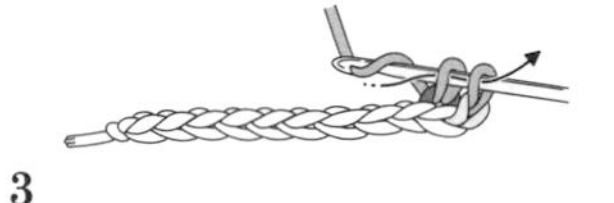

3
再次在針上掛線，鉤針一次從2個線圈中引拔鉤出線。

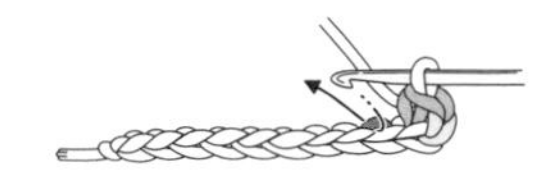

4
完成1針短針。接著也是穿過鎖針的裡山，鉤短針。

● 中長針 T

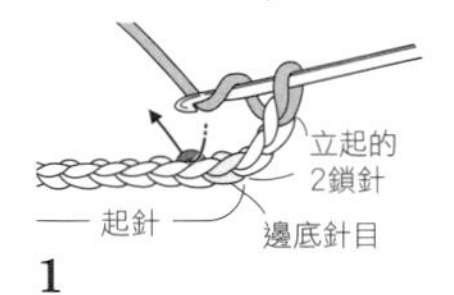

1
鉤織立起的2鎖針，在針上掛線，穿過起目的裡山。

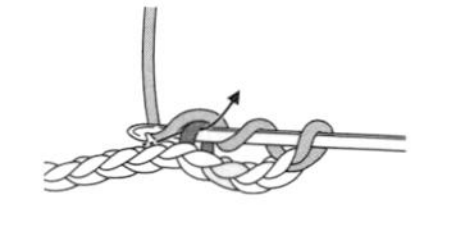

2
在針上掛線，依箭號方向鉤出線。

3
將鉤出的線，拉成2鎖針份的高度。

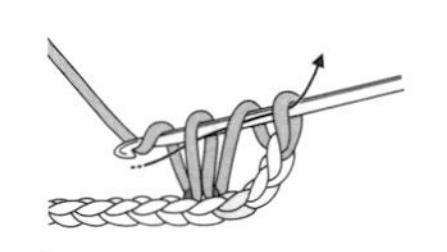

4
再次在針上掛線，鉤針一次從3個線圈中引拔鉤出線。

5
完成中長針。

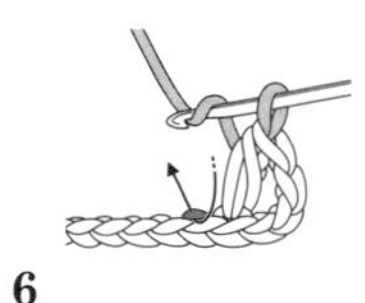

6
接著也是從鎖針的裡山入針，同樣的編織。

● 長針 干

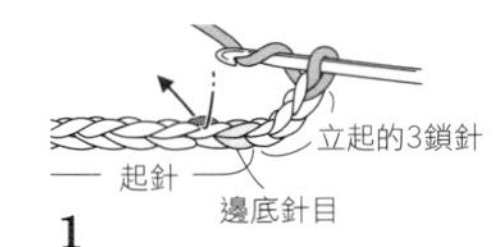

1
鉤織立起的3鎖針，在針上掛線，穿過起針的裡山。

2
在針上掛線，依箭號方向鉤出線。

3
將鉤出的線，拉成2鎖針份的高度。

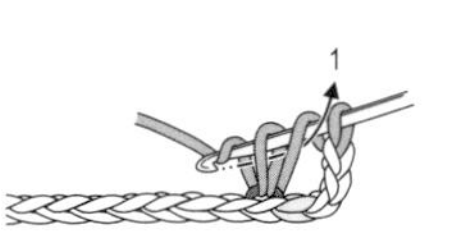

4
再次在針上掛線，鉤針一次從左側2個線圈中引拔鉤出線。

5
再次在針上掛線，鉤針從剩下的2個線圈中引拔鉤出線。

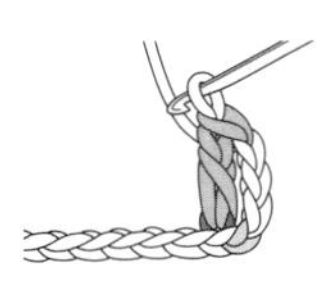

6
完成長針。

● 引拔針 ⬬

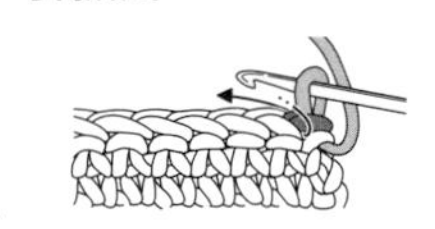

1
依箭號方向，將鉤針穿過前段最前面鎖針的2條線。

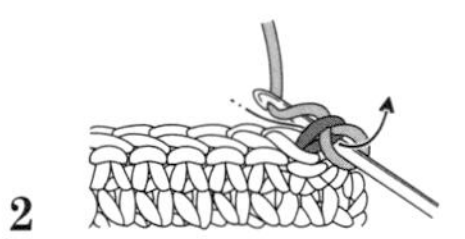

2
在針上掛線，依箭號方向引拔鉤出線。

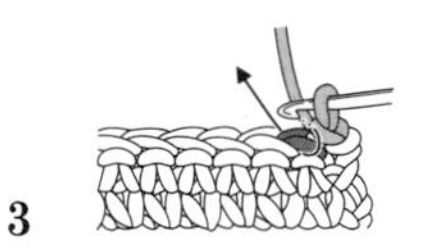

3
第2針也是將鉤針穿過前段鎖針目的2條線，掛線後引拔鉤出線。

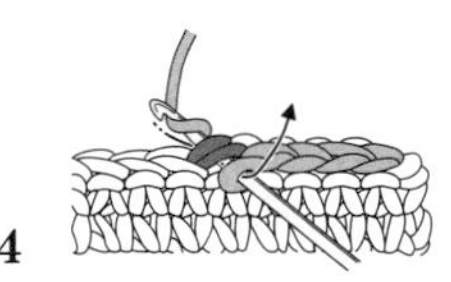

4
之後，以同法進行編織。要將線拉鬆後再引拔，以免線勒得太緊。

＊在長針上編織時

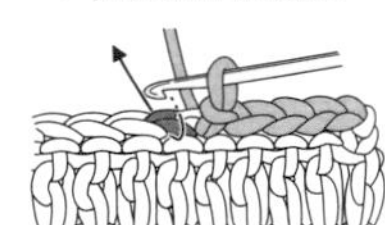

織片的邊底是長針時，引拔針的織法也和短針一樣。

● 引拔併縫

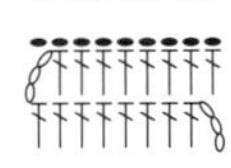

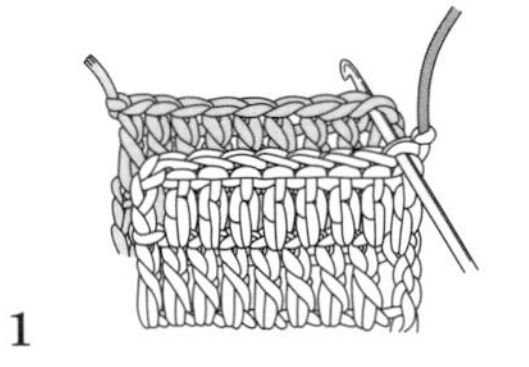

1
將2片織片正面相對，將鉤針一起穿過2片最後段前面鎖針的2條線。

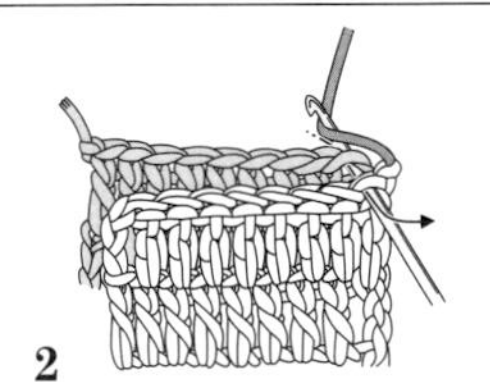

2
鉤出單側編織結束的線端。

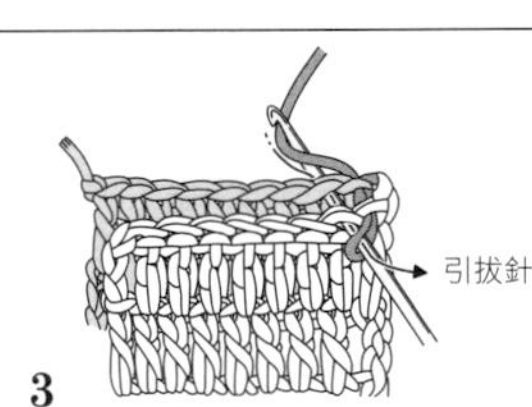

3
將鉤針同樣穿過接下來的針目，做引拔針。

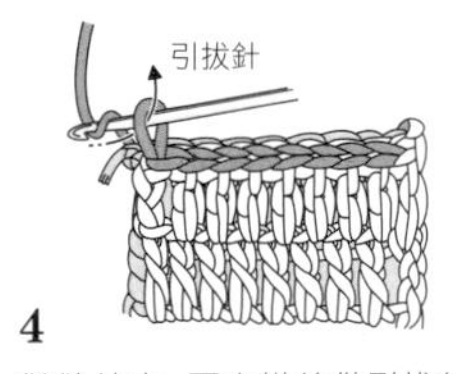

4
併縫結束，再次掛線做引拔針，拉緊針目。

● 鎖引拔併縫

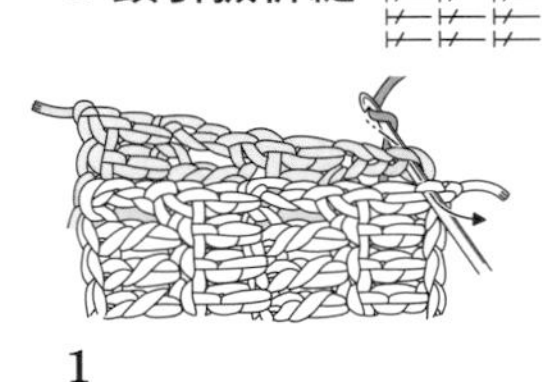

1
將2片織片正面相對，將鉤針穿過起針的鎖針中，掛線後做引拔針。

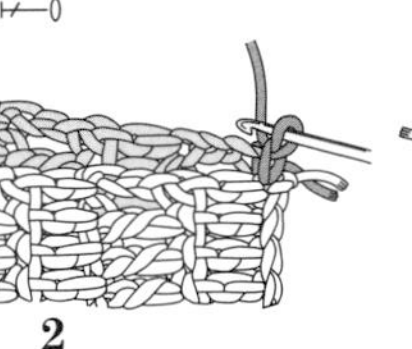

2
再次掛線做引拔針。

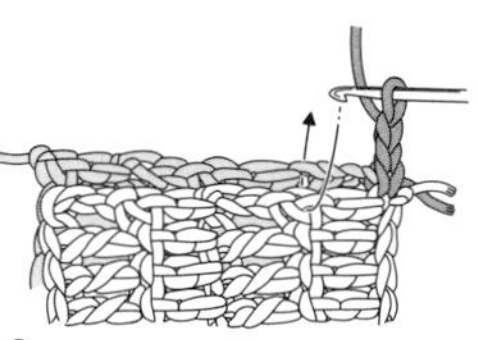

3
鉤鎖針（2～3針），讓長度可達下個織目的頂端。

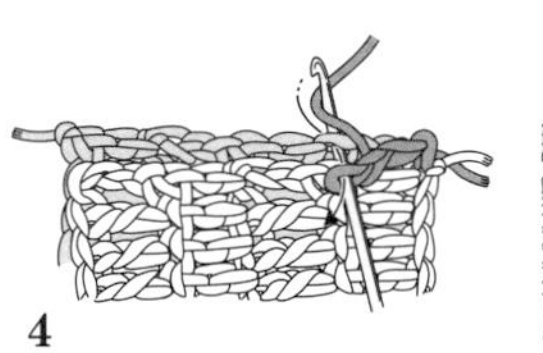

4
將鉤針穿入2片織片頂端的針目。做引拔針牢牢固定。

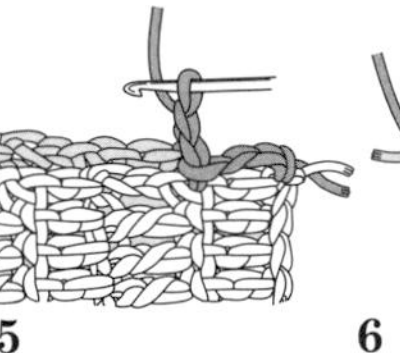

5
重複步驟**3**和**4**，併縫織片。

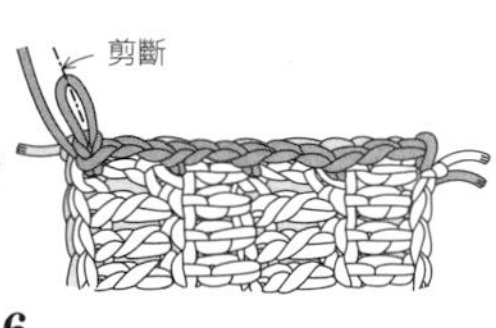

6
併縫結束，再次掛線做引拔針，拉緊針目。保留3～4cm的線頭後剪斷線。

No.01 蝴蝶結開襟短上衣 p.4

■ 線　HAMANAKA Paume Crochet（植物染）200g ＝8卷

1 黃（71） 2 淡紫（74） 3 綠（72）
4 磚紅（75） 5 灰（76）

■ 針　鉤針4/0號

◆ **完成尺寸**　胸圍82cm　袖長29cm 身長45.5cm

◆ **編織密度**　10cm正方織花樣編6花樣・15段

織法重點

1 拾取鎖針起針的半目和裡山開始編織，鉤織花樣編。腋下、肩部和領口的增減針，請分別參照標示圖編織。

2 前、後片正面相對，肩部做引拔併縫，腋下做鎖引拔併縫。

3 從袖口和領口拾取針目，做緣編。緣編是將立起的鎖針和長針部分成束，而短針部分則針目分開拾取。

4 挑拾下襬針目，以短針編織，在左右端分別編足180針鎖針，繫帶也一起編織。

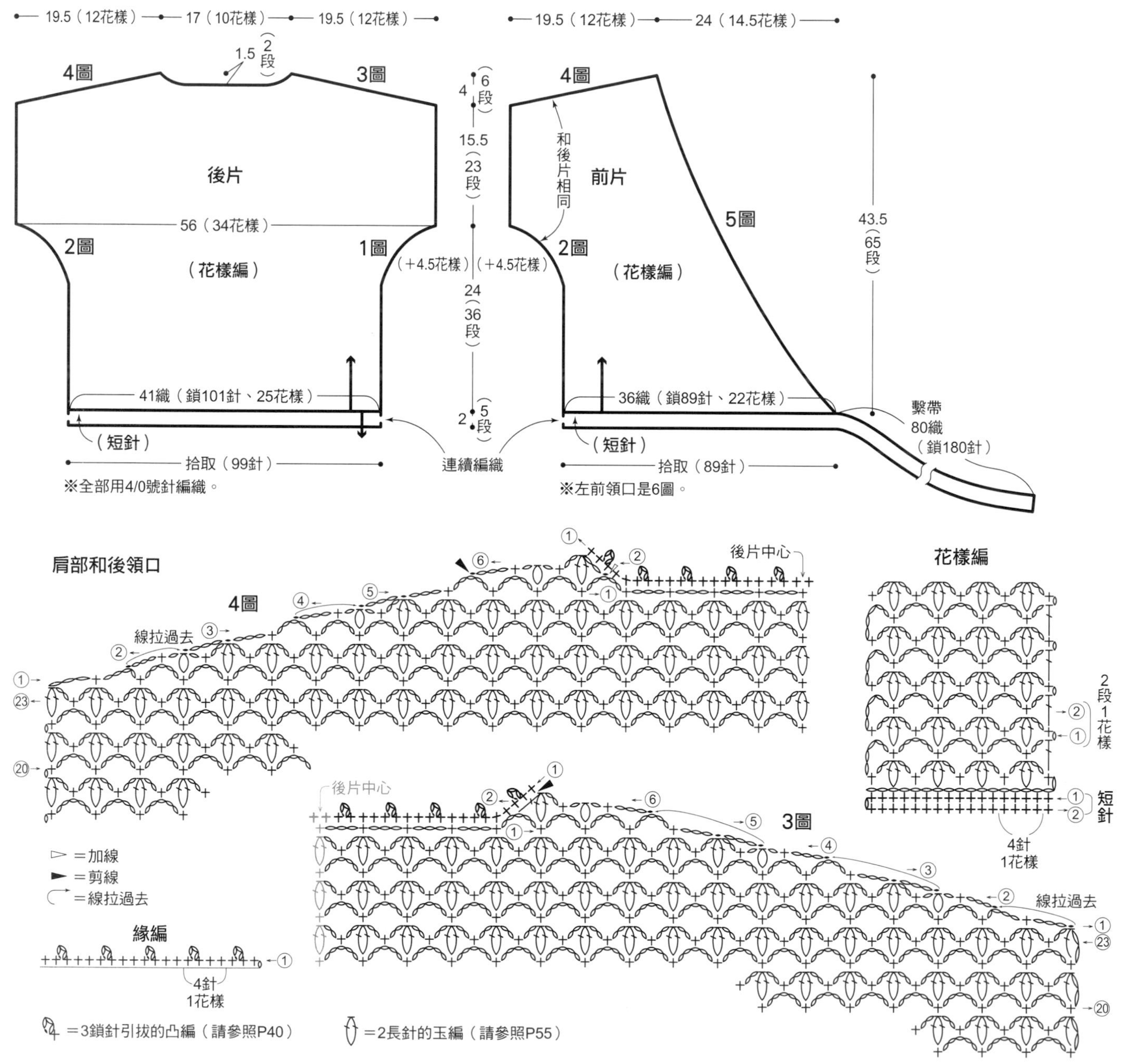

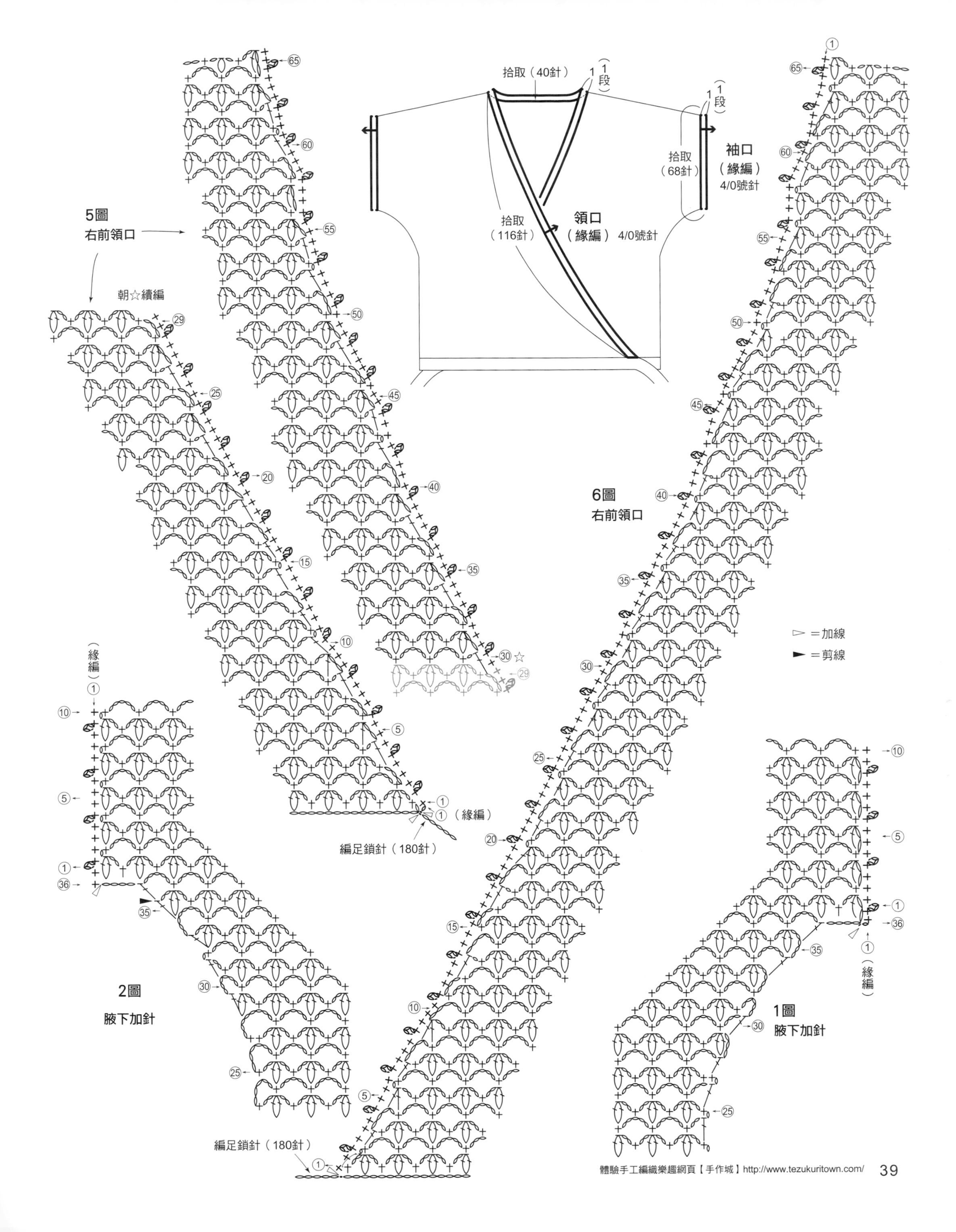

拾取（40針）
1（1段）
袖口
（緣編）
4/0號針
拾取
（68針）
拾取
（116針）
領口
（緣編）
4/0號針
5圖
右前領口
朝☆續編
編足鎖針（180針）
（緣編）
6圖
右前領口
▷＝加線
►＝剪線
2圖
腋下加針
1圖
腋下加針
編足鎖針（180針）

No.03 Z字花樣吊帶短罩衫 p.8

■ 線 Olympus Cotton Novia 190g＝5卷

1 灰粉紅（26） 2 淺灰（12） 3 黃（2）
4 淺粉紅（6） 5 水藍（14） 6 綠（3）
7 淡紫（24） 8 駝黃（5） 9 褐（4）

■ 針 棒針4號、3號

■ 附屬品 長徑1.7cm×短徑1.3cm的鈕扣3個

◆ 完成尺寸 胸圍92cm 身長60cm

◆ 編織密度 10cm正方織花樣編A、B共22目・32段、2目鬆緊編25目・34段

織法重點

1 手指掛線起針開始編織，依序編織起伏編，以及左右配置起伏編的花樣編A和B。
2 在指定位置織第一個釦洞。
3 花樣編B編織結束後，改用3號棒針，編織在左右有起伏編的2目鬆緊編。最初的段，每24目2針併一針，全部共減7針。
4 在指定位置織釦洞，最後套收針。
5 用手指掛線起針編織肩帶，縫在指定位置，最後縫上鈕釦。

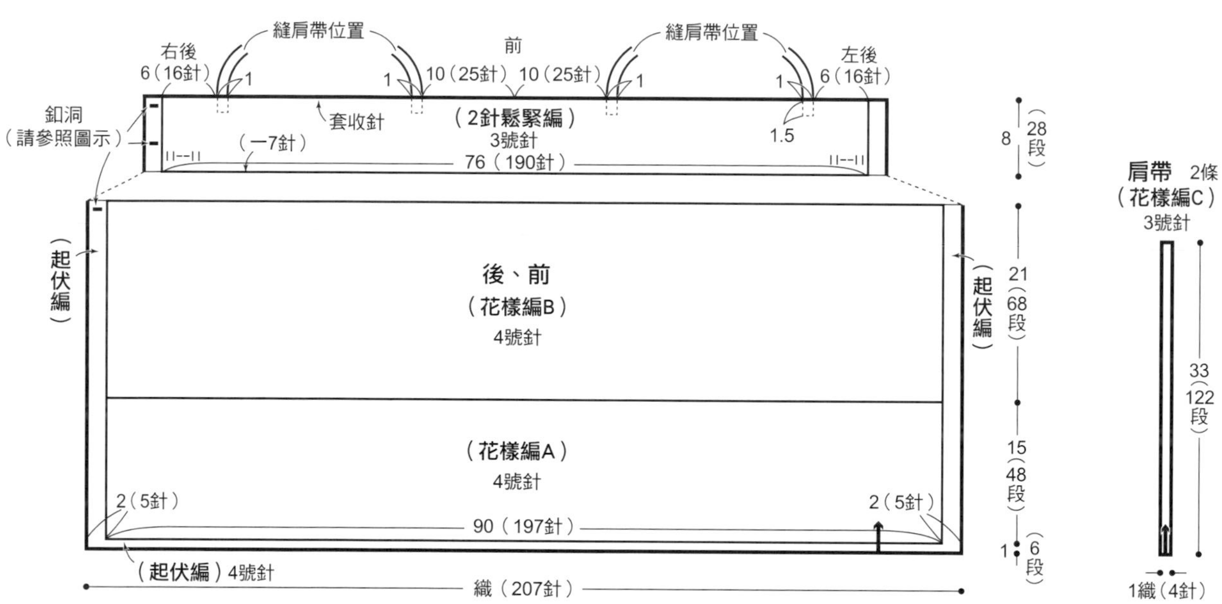

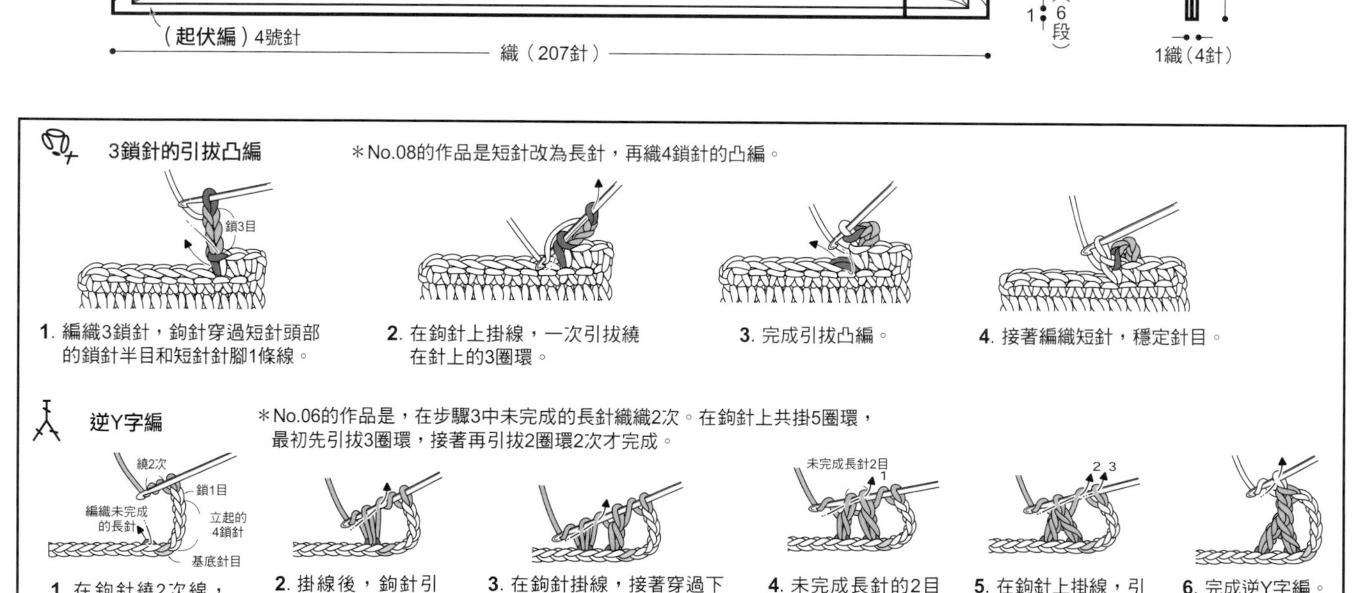

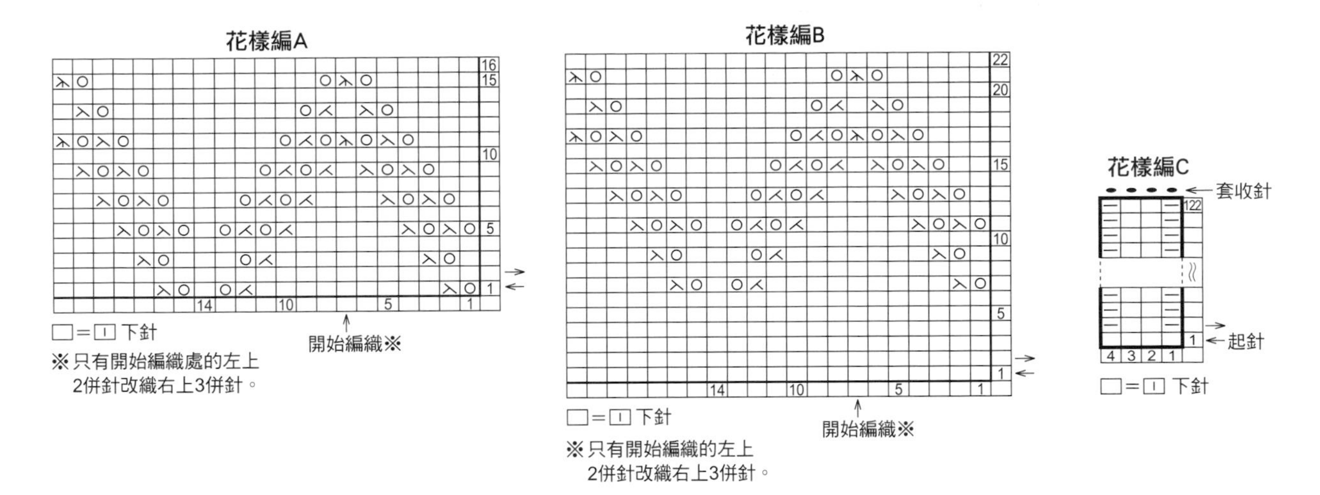

※下針是以下針套收針，
上針是以上針套收針。

後、前

套收針※

2針鬆緊編

（花樣編B）

（花樣編A）

起伏編

起針

釦洞

□＝□ 下針

No.02 斗篷風短上衣 p.6

■ 線 Diamond毛線 A·LA·EL 260g＝7卷
1 褐（643） 2 藍綠（673） 3 粉紅（672）
4 駝黃（629） 5 灰（648）

■ 針 棒針7號

■ 附屬品 釦鉤1組

◆ 完成尺寸 胸圍84cm 背肩寬35cm 身長35.5cm

◆ 編織密度 10cm正方織平面編19.5目・27段、花樣編21目・27段

織法重點

1 後片用手指掛線起針開始編織，依序編織起伏編和平面編。袖口配置起伏編，在起伏編的內側進行減針。

2 前片和領口連續編織。用手指掛線起針開始編織，身體採裡平面編，領口採花樣編。

3 領口編織結束後，織套收針。

4 請參照接合法的圖示，接合前、後和領口片。

5 合攏前片部分，在不顯眼處縫上釦鉤。

花樣編和分散減針

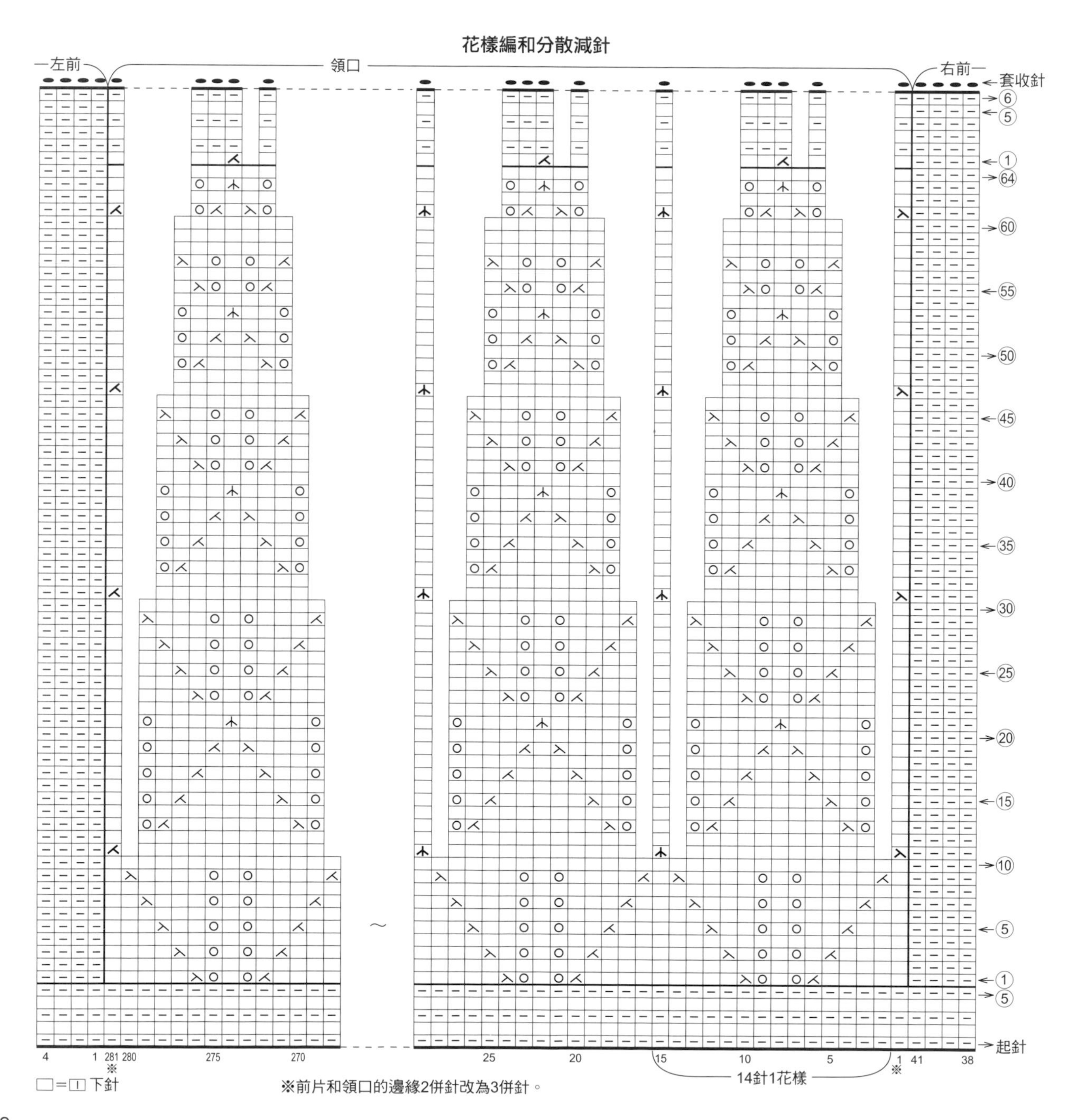

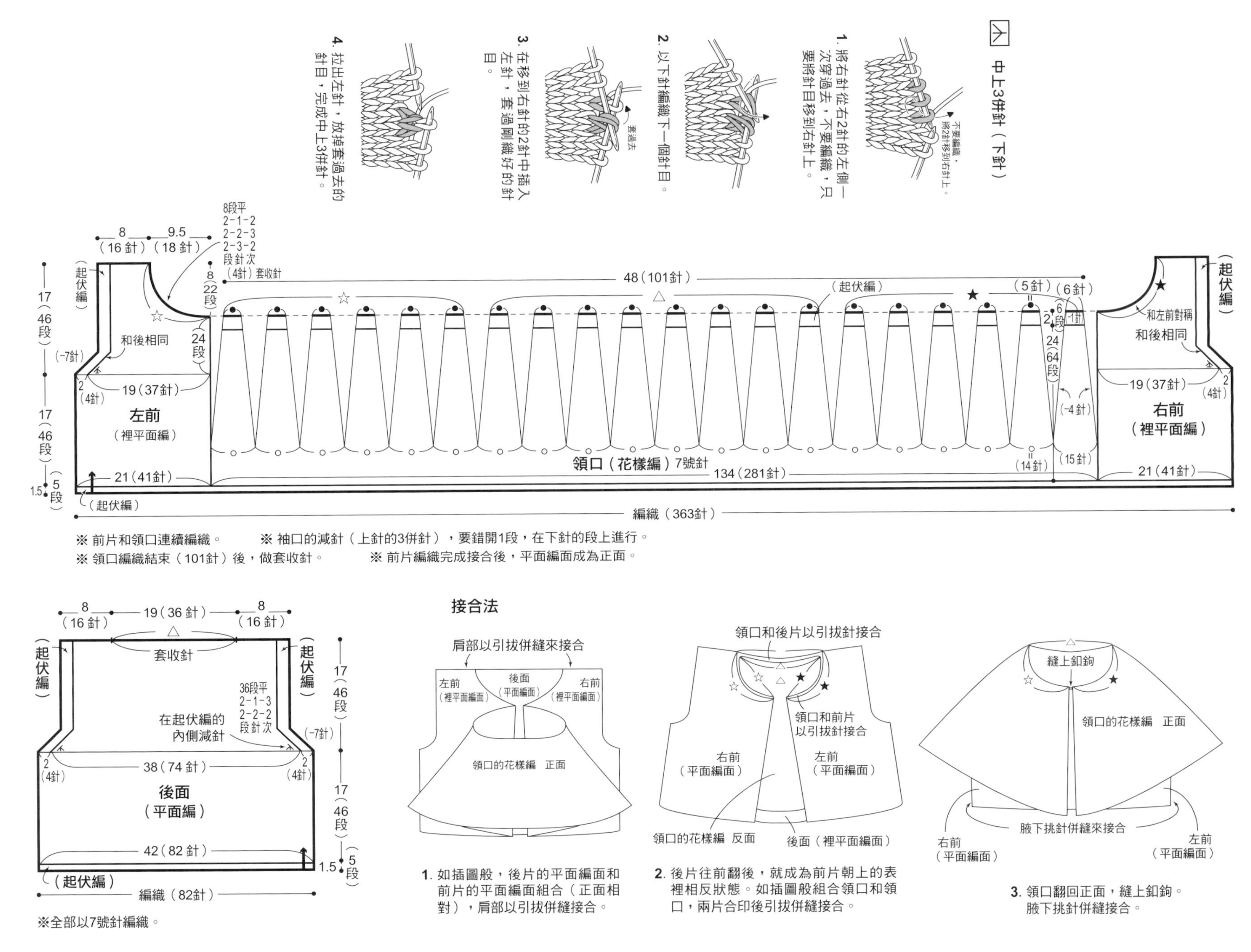

中上3併針（下針）
不要編織，將2針移到右針上。
1. 將右針從右2針的左側一次穿過去，不要編織，只要將針目移到右針上。
2. 以下針編織下一個針目。
套過去
3. 在移到右針的2針中插入左針，套過剛織好的針目。
4. 拉出左針，放掉套過去的針目，完成中上3併針。
右前（裡平面編）
左前（裡平面編）
和後相同
和左前對稱
領口（花樣編）7號針
編織（363針）
134（281針）
48（101針）
21（41針）
19（37針）
（起伏編）
※ 前片和領口連續編織。
※ 袖口的減針（上針的3併針），要錯開1段，在下針的段上進行。
※ 領口編織結束（101針）後，做套收針。
※ 前片編織完成接合後，平面編面成為正面。
後面（平面編）
在起伏編的內側減針
套收針
38（74針）
42（82針）
19（36針）
8（16針）
17（46段）
編織（82針）
※全部以7號針編織。
接合法
肩部以引拔併縫來接合
領口的花樣編 正面
1. 如插圖般，後片的平面編面和前片的平面編面組合（正面相對），肩部以引拔併縫接合。
領口和後片以引拔針接合
領口和前片以引拔針接合
領口的花樣編 反面
2. 後片往前翻後，就成為前片朝上的表裡相反狀態。如插圖般組合領口和領口，兩片合印後引拔併縫接合。
縫上釦鉤
脇下挑針併縫來接合
3. 領口翻回正面，縫上釦鉤。脇下挑針併縫接合。

No.04 羅紋編背心 p.10

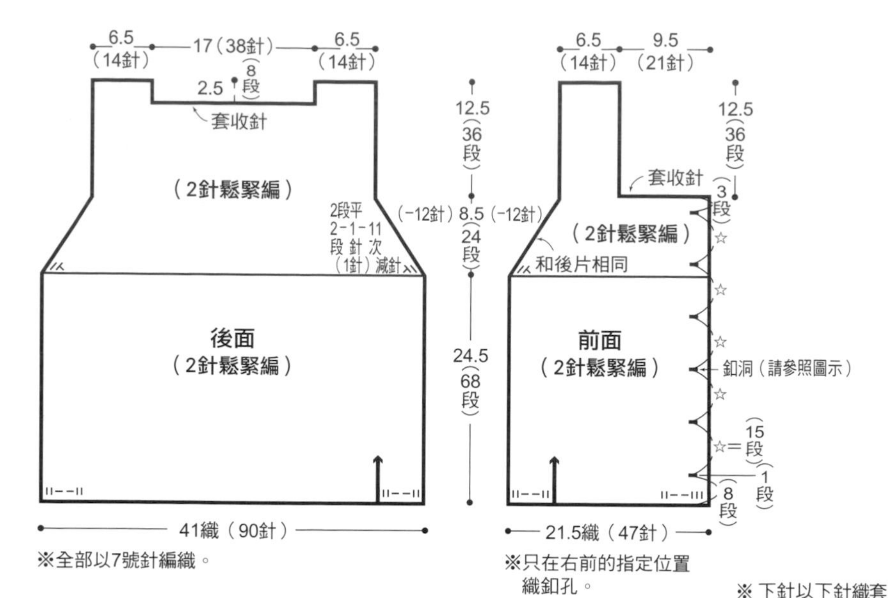

※全部以7號針編織。

※只在右前的指定位置織釦孔。

■ 線　HAMANAKA 柔棉
底線105g＝3卷、配色線55g＝2卷

底線　1～5 米黃 (1)
配色線　1 灰 (8)　2 水藍 (6)
3 藏青 (11)　4 深褐 (9)　5 綠 (4)

■ 針　棒針7號

■ 附屬品　長徑1.5cm的鈕釦6個

◆ 完成尺寸　胸圍82cm　背肩寬30cm　身長45.5cm

◆ 編織密度　10cm正方織2目鬆緊編22目・28段

織法重點

1 用手指掛線起針開始編織，織2目鬆緊編。
2 袖口的減針，是從邊端開始的第2目和第3目進行2併針。
3 右前片要在指定位置上織釦洞。
4 左右領口的段數有1段不同。請一面參照圖示，一面編織。
5 肩部以引拔併縫來接合，腋下以挑針併縫來接合。
6 在左前片縫上鈕釦。

2針鬆緊編

□＝□ 下針

2針鬆緊編花樣

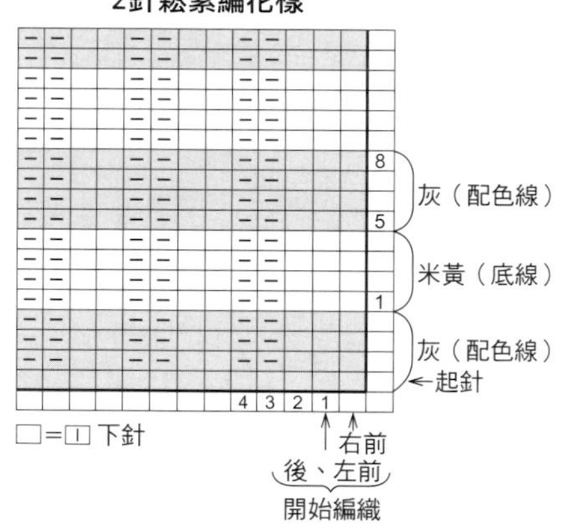

釦洞 (右前)

※ 下針以下針織套收針，上針以上針織套收針。

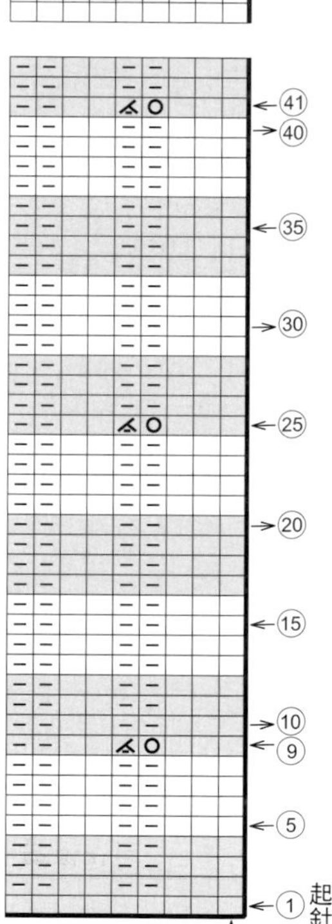

前領口和肩部的織法

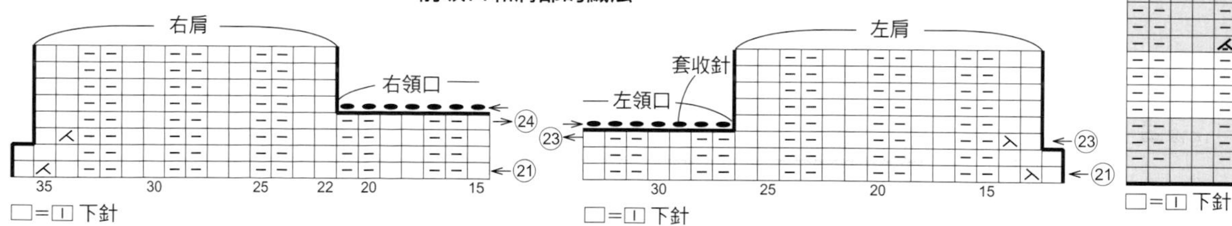

左上2併針 (上針)

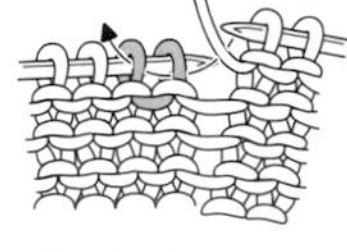

1. 將右針從2針目的右側一次穿過去。

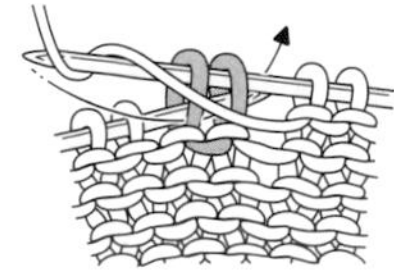

2. 掛線後拉出，2目一起以上針編織。

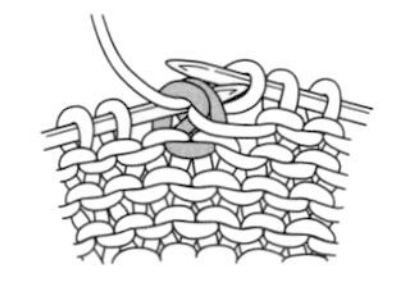

3. 線拉出後，左針放接該針目。

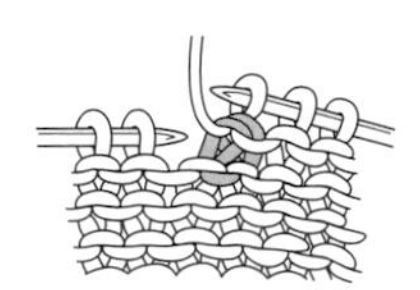

4. 完成左上2併針。

No.05 長披肩背心 p.12

■ 線 Puppy (パピー) Cotton Kona 340g＝9卷
(1 灰駝（64） 2 褐（66） 3 淺藍（42）)

■ 針 棒針5號

◆ 完成尺寸 縱65cm 橫112cm
◆ 編織密度 10cm正方織花樣編25.5目・28段

織法重點

1 用手指掛線起針開始編織，依序編織起伏編，和左右配置起伏編的花樣編。
2 花樣編織110段結束後，編織左袖口。第1段在指定位置的56目做套收針，第2段在相同位置挑取以別線預織的鎖針裡山。
3 右袖在指定位置的編織法也相同。
4 編織結束後做套收針。
5 袖口的織法，是將織片裡側朝上，一面拆掉別線的鎖針，一面拾取針目，做套收針。

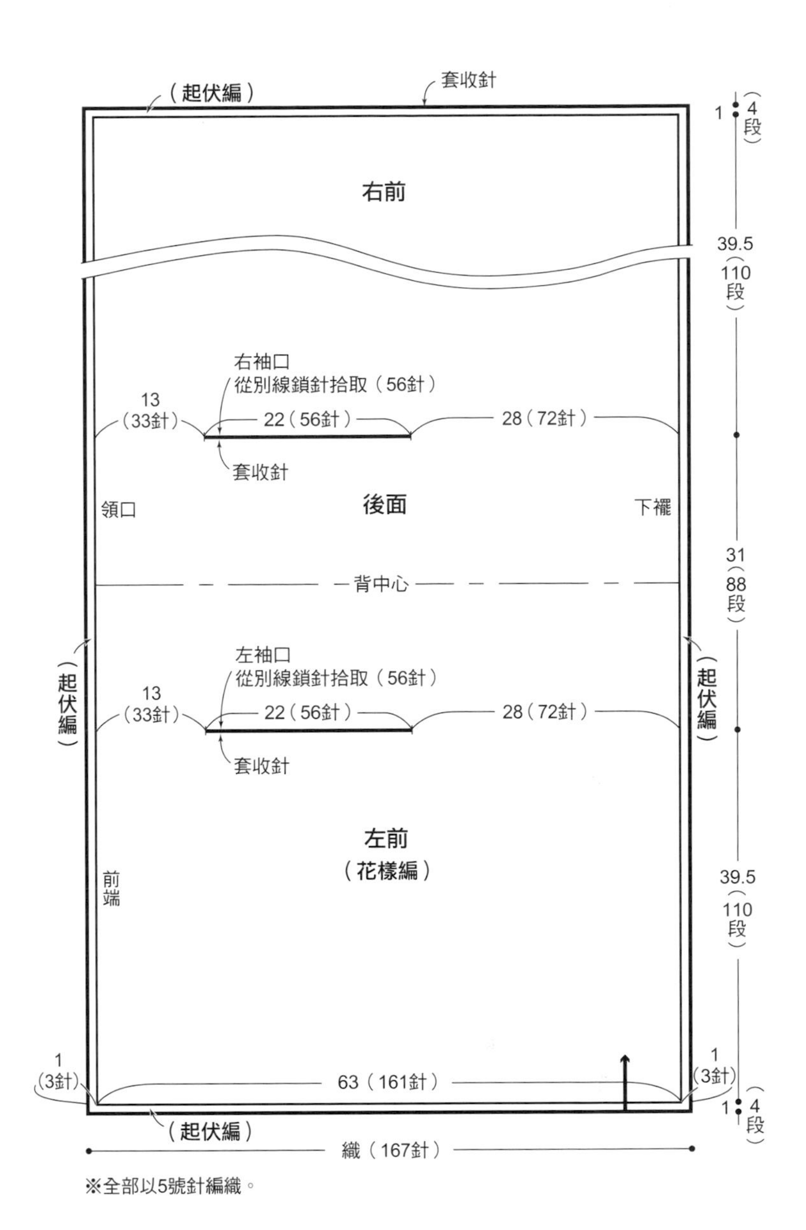

※全部以5號針編織。

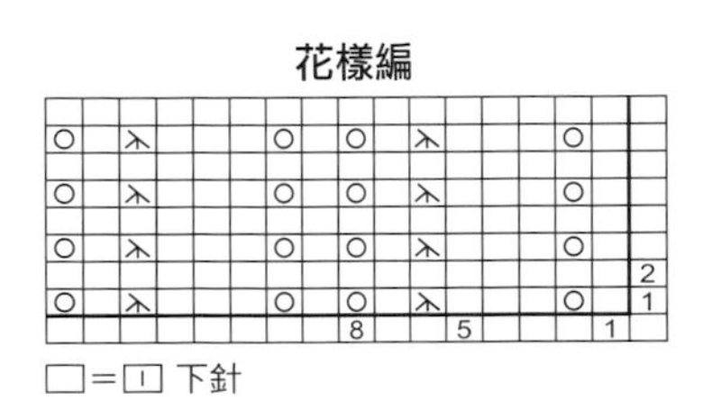

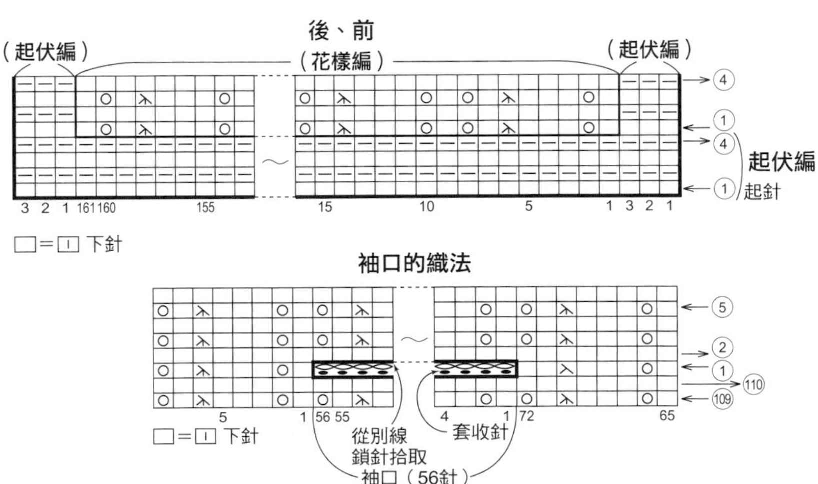

No.06 連帽背心 p.14

■ 線 HAMANAKA 水洗棉（Crochet）
265g＝11卷
1 黃（104） 2 淺駝黃（117） 3 藍（110）
4 黑（120） 5 灰駝（118）

■ 針 鉤針3/0號

◆ 完成尺寸 胸圍94cm 背肩寬36cm 身長59.5cm
◆ 編織密度 10cm正方織花樣編A、B共30目・8段

織法重點

1. 拾取鎖針起針的裡山開始編織，編織花樣編A和B。袖口、肩部請參照標示圖編織。
2. 前片是織到領口的止點，左、右以不同的線進行編織。
3. 肩部以捲針併縫，腋下以鎖引拔接合身體片。
4. 左帽依照前、後的順序拾取針目，右帽則依照後、前的順序拾取針目，做往復編。編織結束後，以鎖引拔併縫接合中心。
5. 在下襬、袖口、領口和帽緣織緣編。
6. 編織2片花飾，先在一側縫上繫帶。在下襬穿入繫帶後，另一側再縫上花飾。

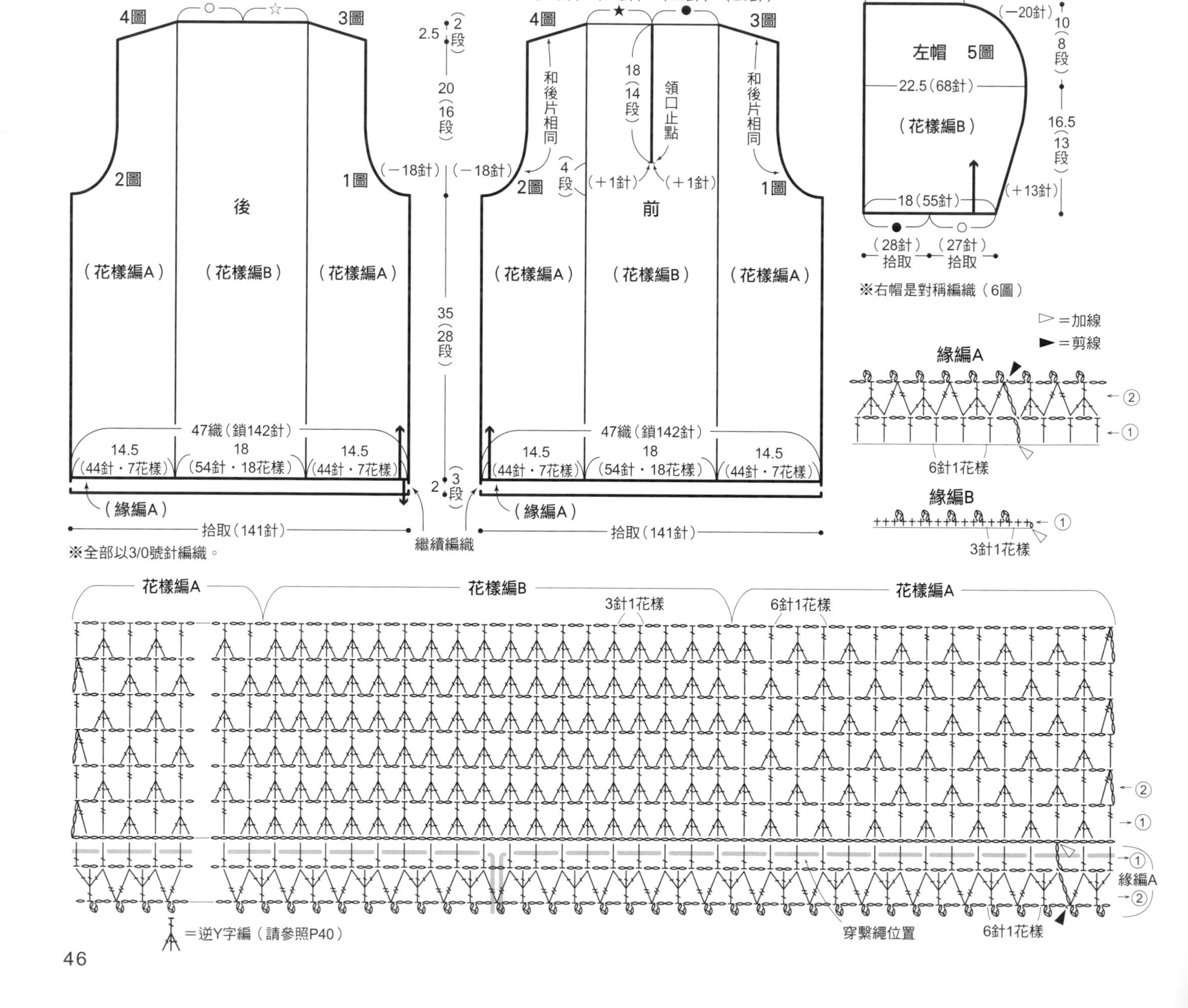

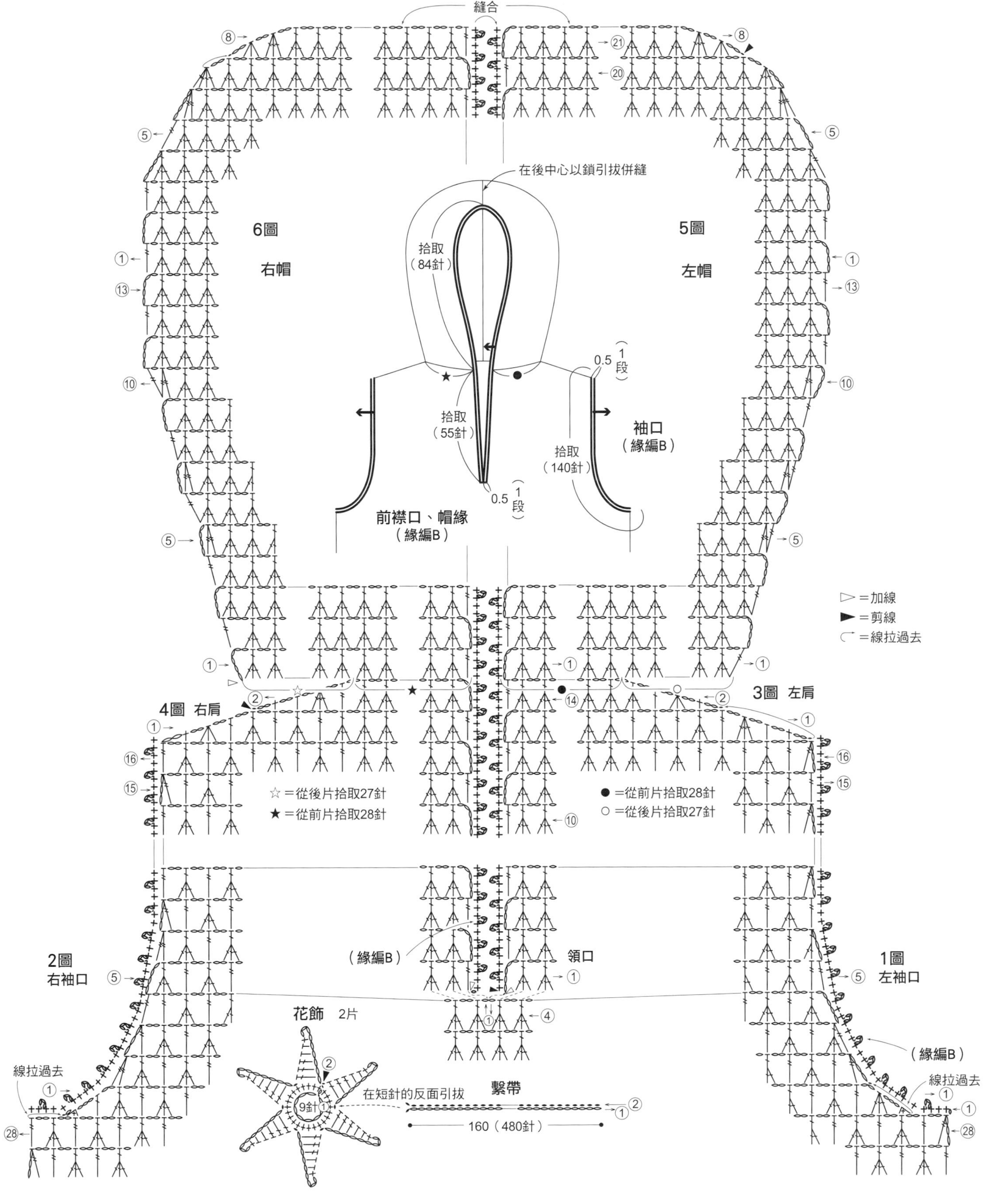
縫合
在後中心以鎖引拔併縫
6圖
右帽
5圖
左帽
拾取（84針）
拾取（55針）
拾取（140針）
0.5
1段
袖口（緣編B）
前襟口、帽緣（緣編B）
▷＝加線
▶＝剪線
＝線拉過去
4圖 右肩
3圖 左肩
☆＝從後片拾取27針
★＝從前片拾取28針
●＝從前片拾取28針
○＝從後片拾取27針
2圖
右袖口
1圖
左袖口
（緣編B）
領口
花飾 2片
9針
在短針的反面引拔
繫帶
160（480針）
線拉過去

No.07 艾蘭圖案背心 P.16

■ 線 HAMANAKA 柔棉 220g＝6卷

（1 藏青（11） 2 駝黃（2） 3 深褐（9）
4 黑（12） 5 米黃（1） 6 灰（8）
7 水藍（6） 8 淺紫（7） 9 黃（3)）

■ 針 棒針7號

◆ **完成尺寸** 胸圍82cm 身長50.5cm 袖長20.5cm

◆ **編織密度** 10cm正方織花樣編A23目・30段、B20目・30段、C26目・30段

織法重點

1 用手指掛線起針開始編織，編織花樣編A、B和C。
2 後片的最終段中央的29目做套收針。肩部的針目暫放不織。
3 前片從領口的止點開始，左、右各別編織。止點中心的1針目，左、右都是在第1段各別拾取。編織到肩部後肩部針目暫停，而直接繼續編織領口。編織結束（成為後中心），以引拔併縫將左、右的領口接合。
4 肩部以引拔併縫，領口是以目和段的併縫接合後領口，腋下是挑針併縫到袖子的止點。

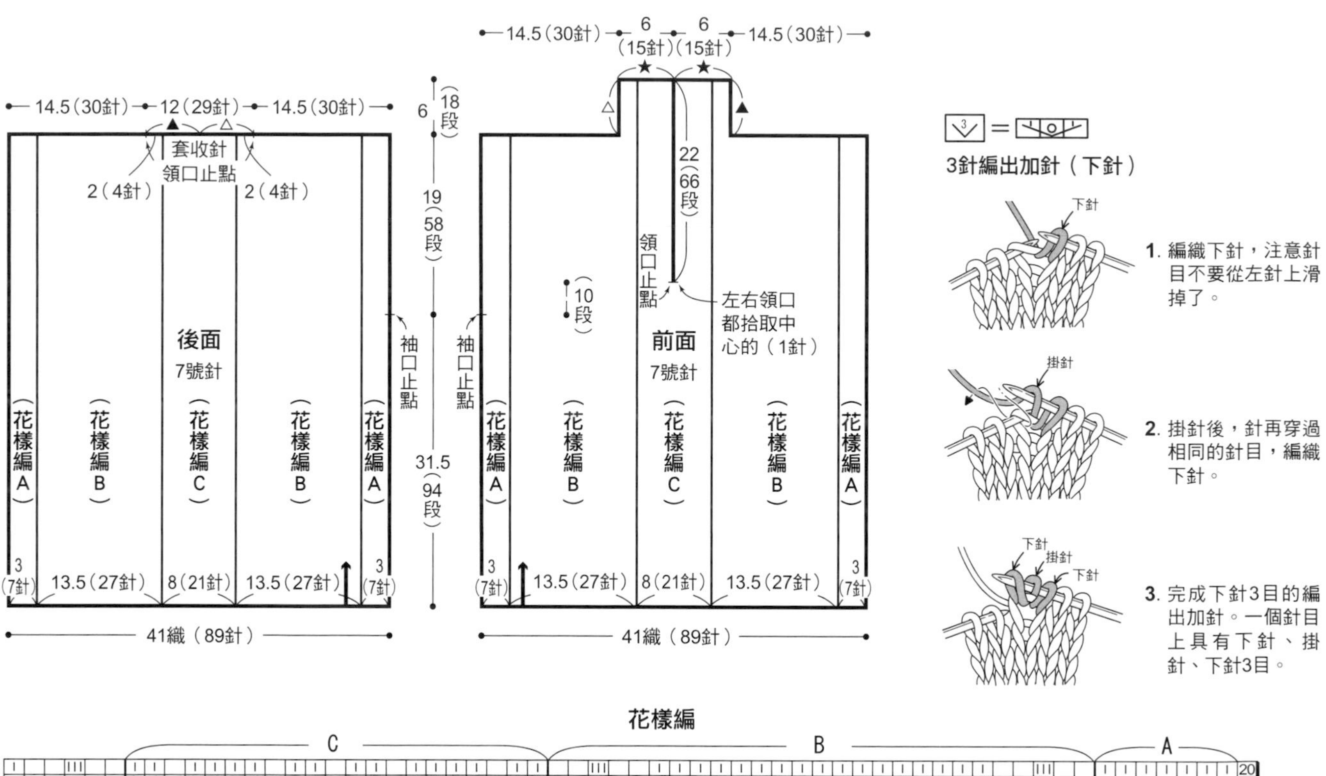

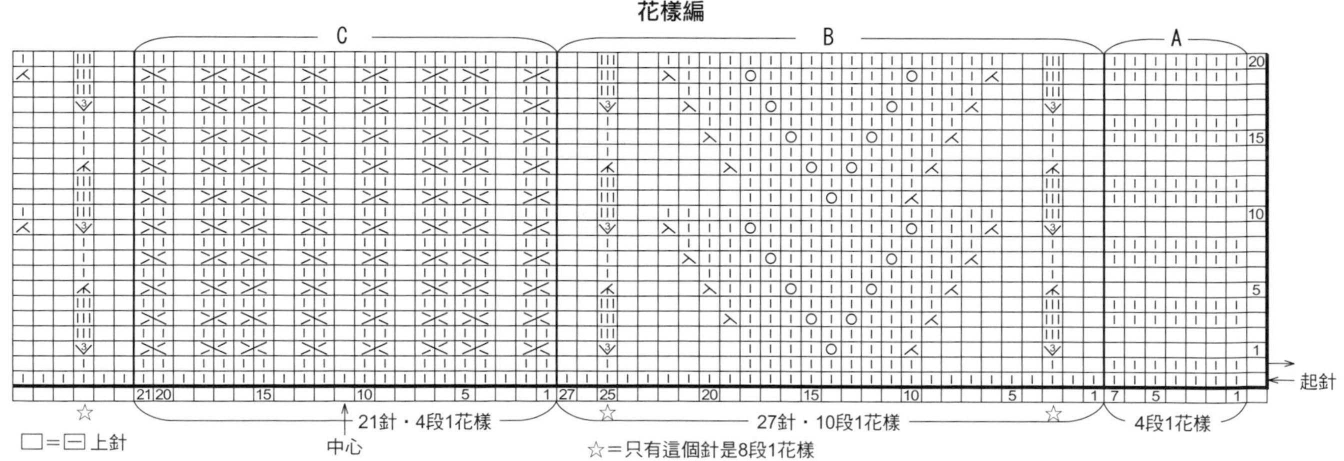

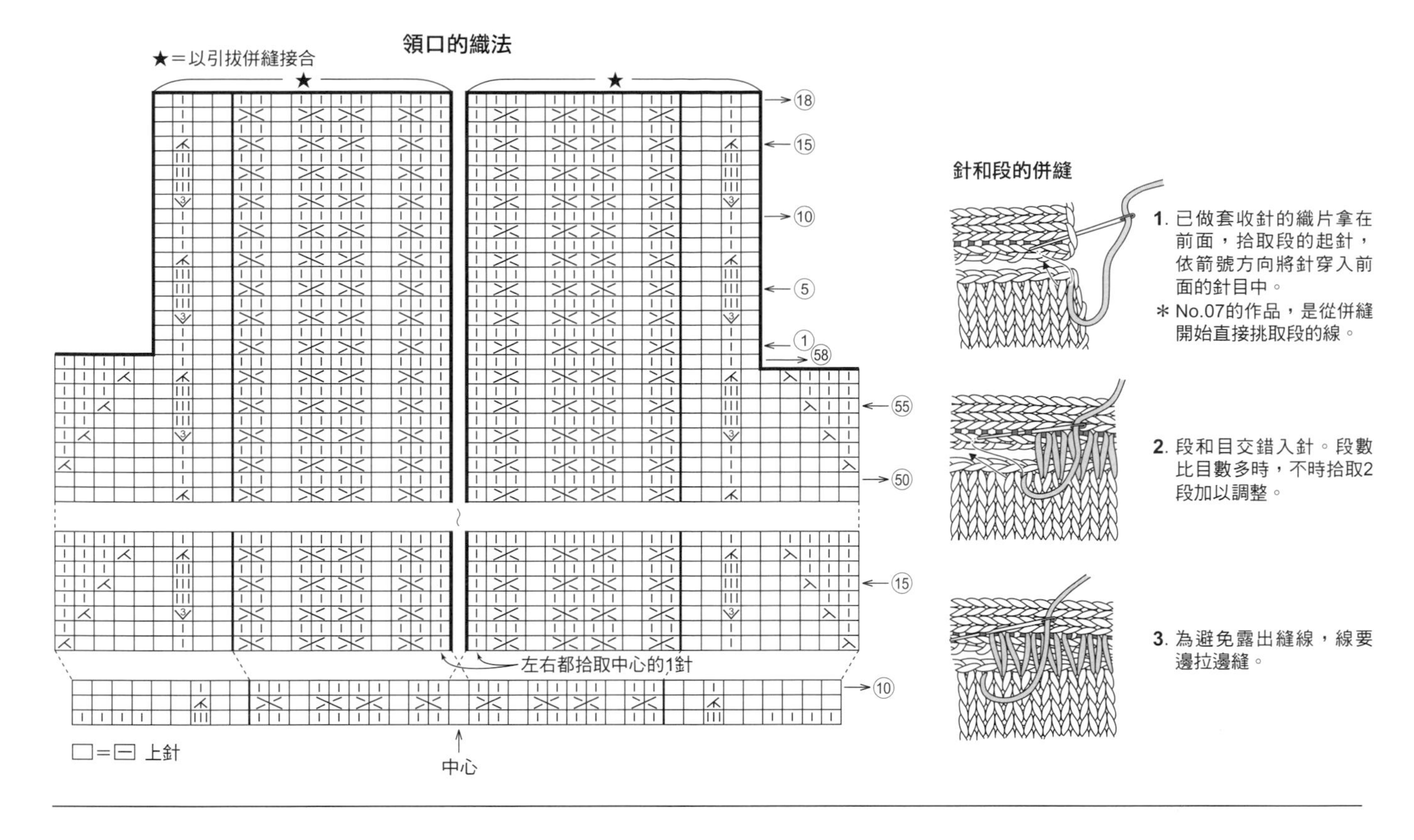

No.08 小帽緣毛線帽 p.18

■ 線　橫田Daruma手織線　咖啡樹蔭60g＝3卷

（1 淺褐（2） 2 褐（3） 3 灰（1） 4 黑（7））

■ 針　鉤針6/0號

■ 附屬品　別針 1支

◆ 完成尺寸　頭圍56cm　深18.5cm

◆ 編織密度　帽身部分　10cm正方織花樣編18.5目・12段

織法重點

1. 手指繞線端製作圈環起針，開始編織。
2. 花樣編是編織圈環的往復編。奇數段織短針，讓凸編倒向前方，拾取前段長針的頂端來編織。
3. 緣編不是織往復編，而是和前段一樣以相同方向編織。
4. 請參照標示圖編織花飾和繫帶。
5. 在花飾裡側縫上別針，再別到帽子上。繫帶是綁在帽簷裡側，在花飾下方打蝴蝶結。

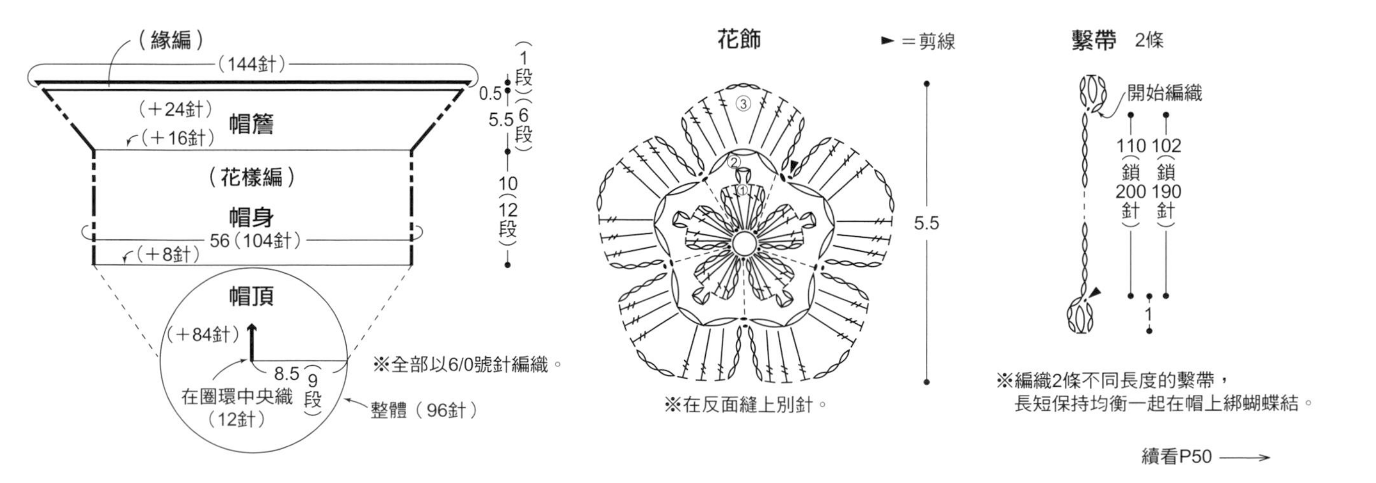

續看P50 ⟶

接續P49 ——→

花樣編和緣編的織法

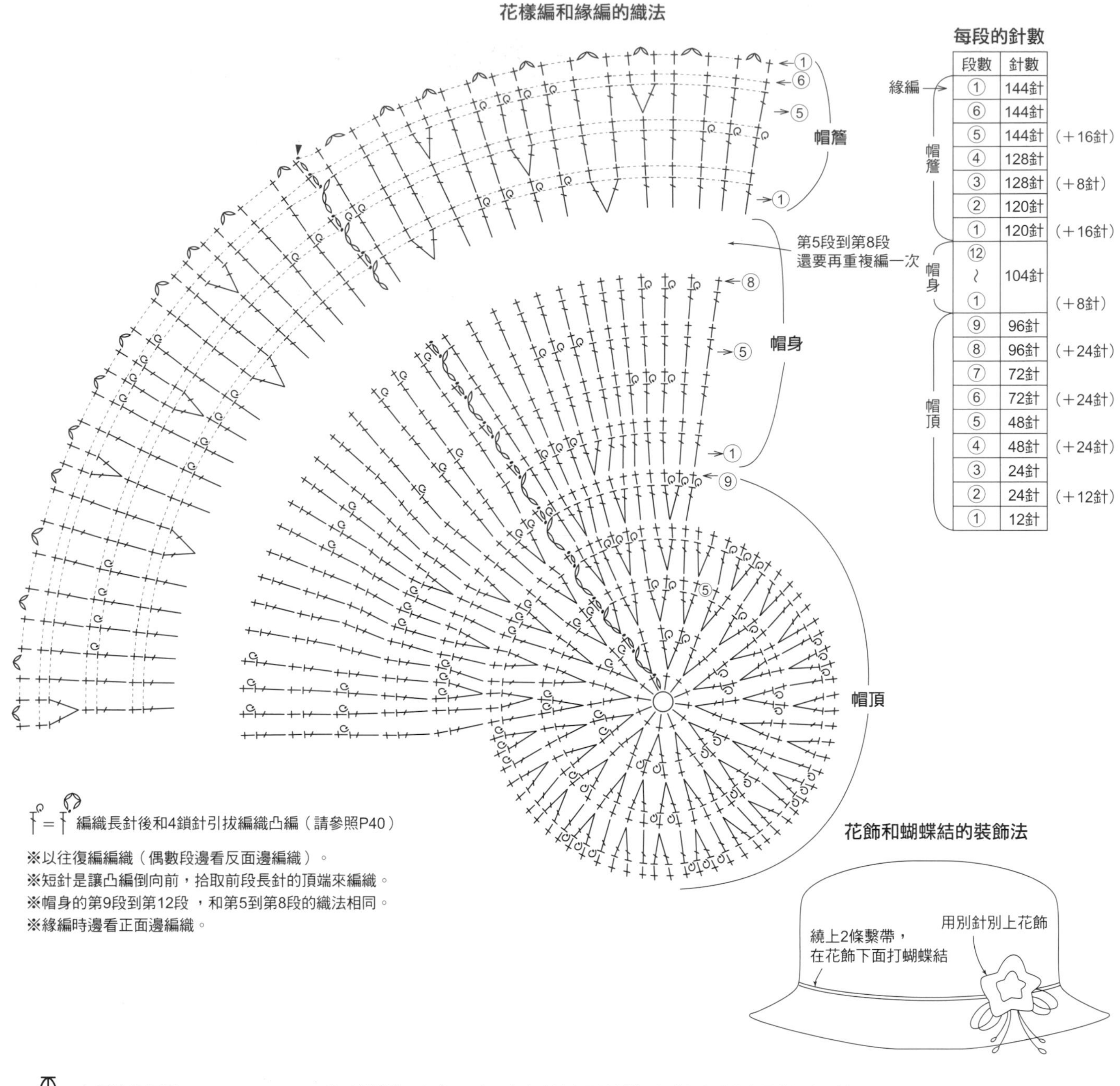

每段的針數

	段數	針數	
緣編	①	144針	
帽簷	⑥	144針	
	⑤	144針	（＋16針）
	④	128針	
	③	128針	（＋8針）
	②	120針	
	①	120針	（＋16針）
帽身	⑫～①	104針	（＋8針）
帽頂	⑨	96針	
	⑧	96針	（＋24針）
	⑦	72針	
	⑥	72針	（＋24針）
	⑤	48針	
	④	48針	（＋24針）
	③	24針	
	②	24針	（＋12針）
	①	12針	

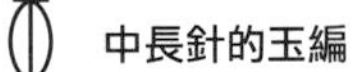
編織長針後和4鎖針引拔編織凸編（請參照P40）

※以往復編編織（偶數段邊看反面邊編織）。
※短針是讓凸編倒向前，拾取前段長針的頂端來編織。
※帽身的第9段到第12段，和第5到第8段的織法相同。
※緣編時邊看正面邊編織。

中長針的玉編

＊No.08作品的繫帶，在步驟3中，未完成的中長針編織1次（未完成的中長針共計2針）。

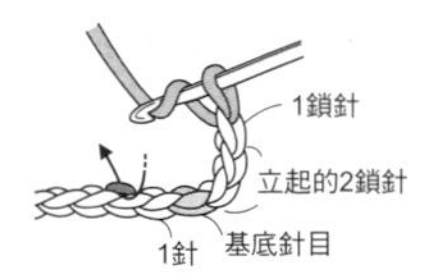

1. 在鉤針上掛線，針再穿過鎖針的裡山。

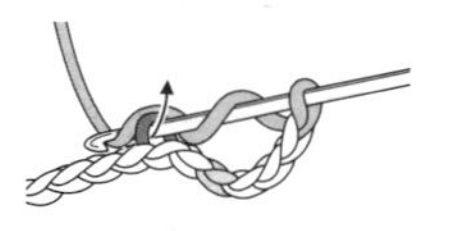

2. 掛線後，線鉤出至2鎖針份的高度（未完成的中長針）。

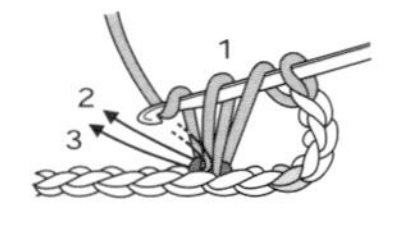

3. 同樣地，在相同針目中再織2次未完成的中長針。

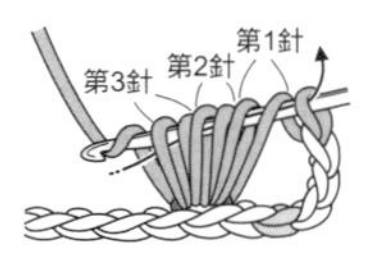

4. 在鉤針上掛線，鉤針一次引拔7線圈。

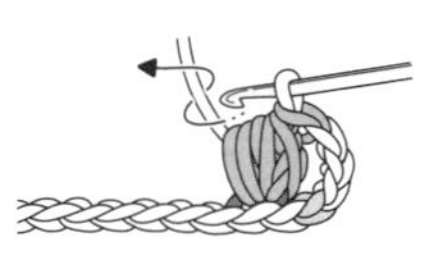

5. 完成3中長針的玉編。

No.09 螺旋圖案貝雷帽 p.19

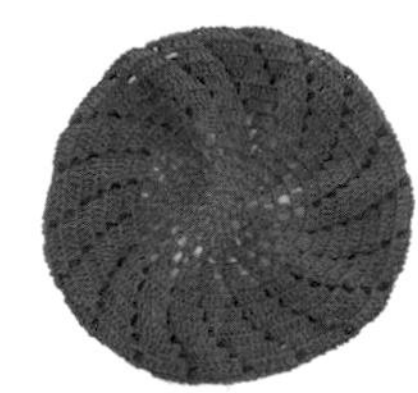

■ 線　HAMANAKA　Flax K 70g＝3卷

1 藏青（16） 2 藍（18） 3 灰（14）
4 深藏青（17）

■ 針　鉤針5/0號、4/0號

◆ 完成尺寸　頭圍53cm　深20.5cm
◆ 編織密度　10cm正方織花樣編22.5目・9.5段

織法重點

1　手指繞線端製作圈環起針開始編織，請參照標示圖編織花樣編。
2　緣編是以短針的筋編來編織。

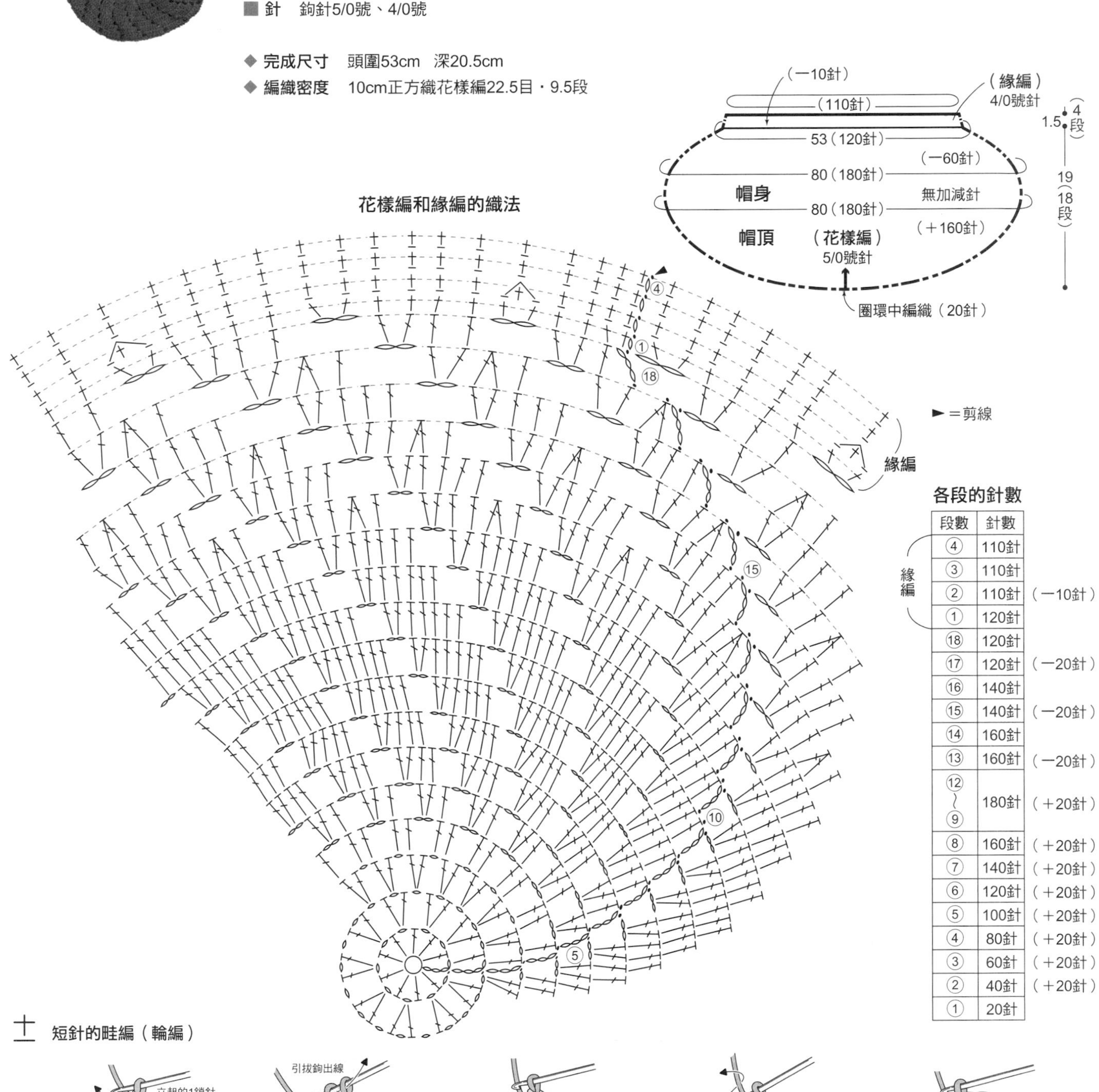

各段的針數

	段數	針數	
緣編	④	110針	
	③	110針	
	②	110針	（−10針）
	①	120針	
	⑱	120針	
	⑰	120針	（−20針）
	⑯	140針	
	⑮	140針	（−20針）
	⑭	160針	
	⑬	160針	（−20針）
	⑫～⑨	180針	（＋20針）
	⑧	160針	（＋20針）
	⑦	140針	（＋20針）
	⑥	120針	（＋20針）
	⑤	100針	（＋20針）
	④	80針	（＋20針）
	③	60針	（＋20針）
	②	40針	（＋20針）
	①	20針	

短針的畦編（輪編）

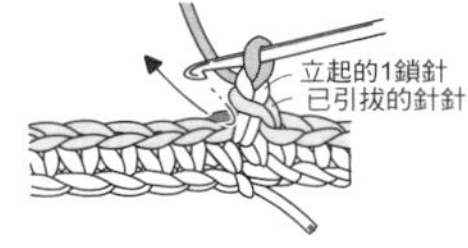

1. 編織立起的1鎖針，鉤針穿過前段短針頂端後側的鎖針半目。

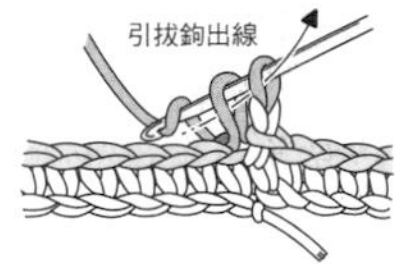

2. 在鉤針上掛線鉤出，編織短針。

3. 已織好短針的情形。

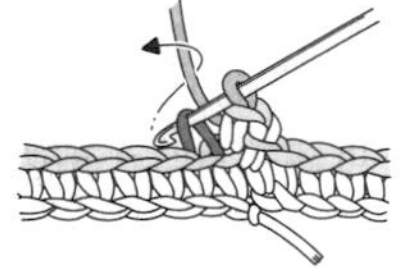

4. 接下來，鉤針也是穿過前段頂端後側的鎖針半目來編織。

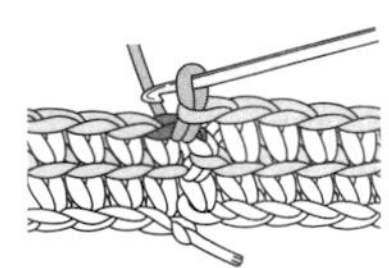

5. 編織1圈結束後，再在最初短針的頂端2條線中做引拔針。

No.10 斜肩毛線上衣 p.20

■ 線 HAMANAKA 柔棉250g＝7卷

1 深褐（9） 2 灰（8） 3 藏青（11）
4 綠（4） 5 駝黃（2）

■ 針 棒針8號

■ 附屬品 直徑1.8cm的鈕釦5個

◆ **完成尺寸** 胸圍99cm 身長44.5cm 袖長40.5cm

◆ **編織密度** 10cm正方織花樣編19目・27段

織法重點

1 用手指掛線起針開始編織，依序編織起伏編和花樣編。
2 斜肩線的減針，是從邊端開始的第2針和第3針進行2併針。
3 要接合的針目做平面編併縫，斜肩線、腋下、袖下做挑針併縫，與身體片接合。
4 從前端拾取針目，以起伏編編織開襟邊。在右開襟邊上織釦洞。
5 編織結束後，從開襟邊的段和領口拾取針目，以起伏編編織領口。
6 在左開襟邊上縫上鈕釦。

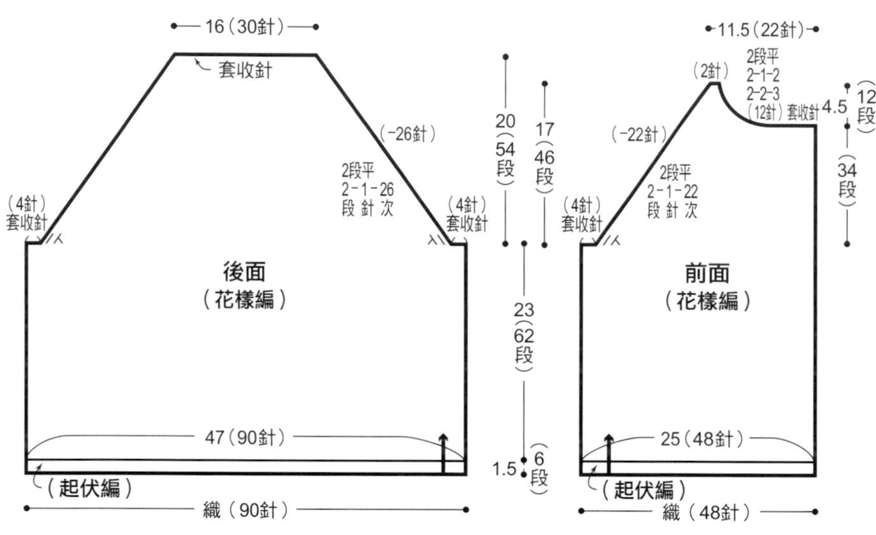

※全部以8號針編織。

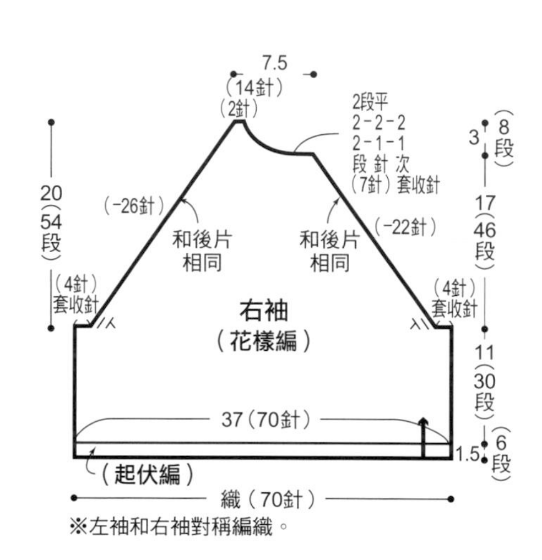

※左袖和右袖對稱編織。

開襟邊、領口（起伏編）

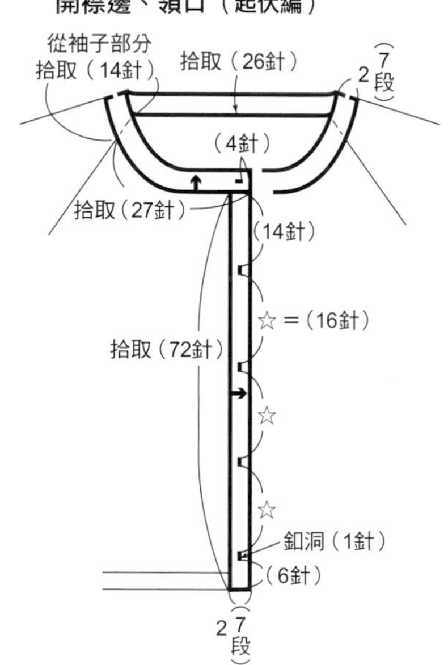

花樣編

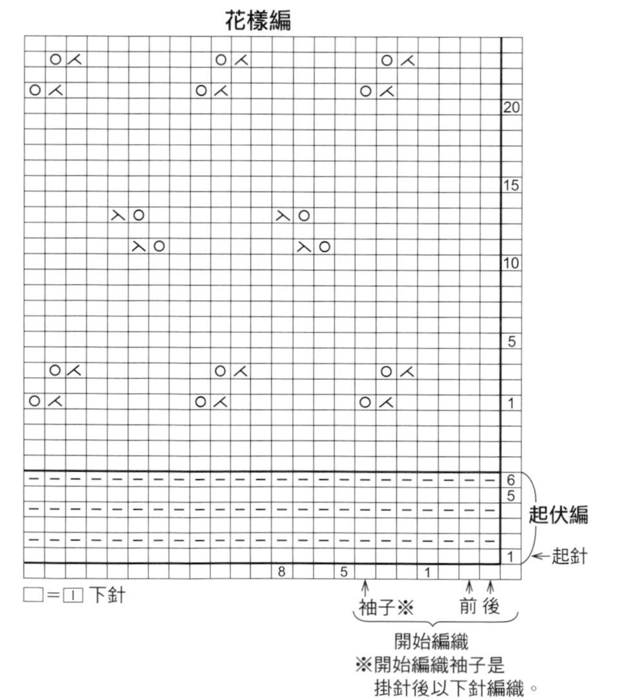

※開始編織袖子是掛針後以下針編織。

平面編併縫

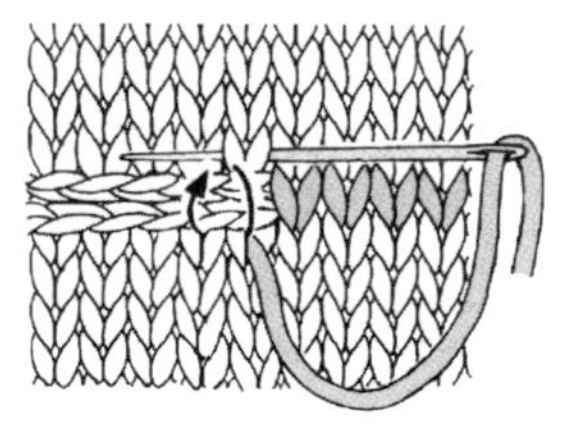

將2片織片的套收針並列放置，
從對面側往前挑逆八字針，
從前側往對面側挑正八字針，
拉緊線呈1針針的大小。
縫好處能形成平面針針。

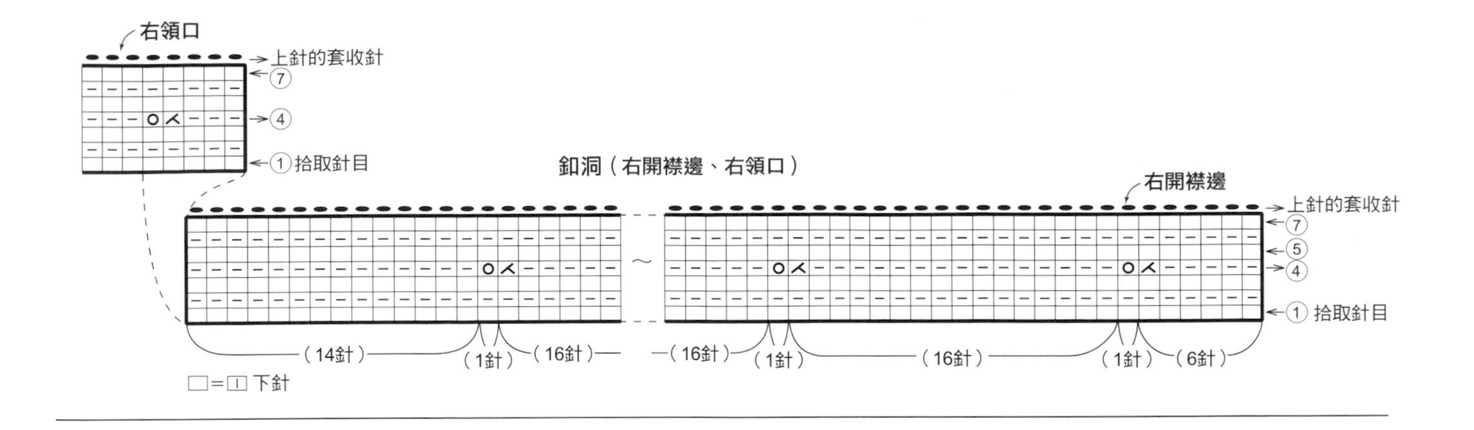

No.16　花樣圖案長背心　P.32

■ 線　HAMANAKA　水洗棉（Crochet）360g＝15卷

1 黃綠（107）　**2** 深褐（119）
3 灰粉紅（114）

■ 針　鉤針3/0號

◆ **完成尺寸**　胸圍90cm　背肩寬31cm　身長70cm

◆ **編織密度**　10cm正方織花樣編10山・17段，花樣大小7.5cm×7.5cm

織法重點

1. 從要接合的花樣織片開始編織。以鎖針鉤圈環起針，編織花樣編。從第2片開始的最終段做引拔針，將花樣織片一面併縫，一面編織下去。
2. 傘狀身體部分，要反過來從已併縫的花樣開始拾取針目，朝下襬開始編織。拾取針目的段和第2段朝相同方向繼續編織。從第3段開始以往復編來編織。在指定的段，在各1花樣上增加1山來加針。
3. 袖口和領口編織緣編。

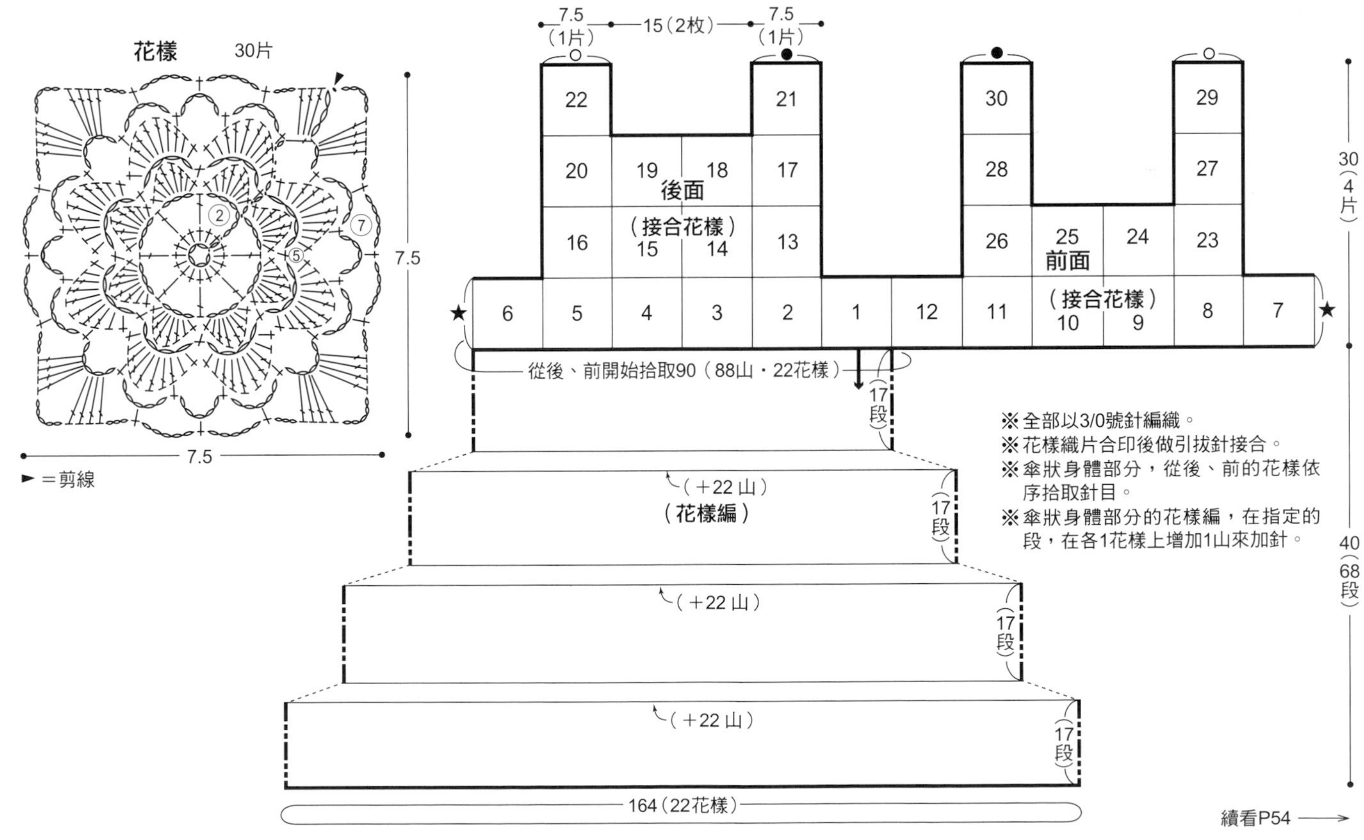

續看P54 →

接續P53 ——→

花樣接合法和緣編

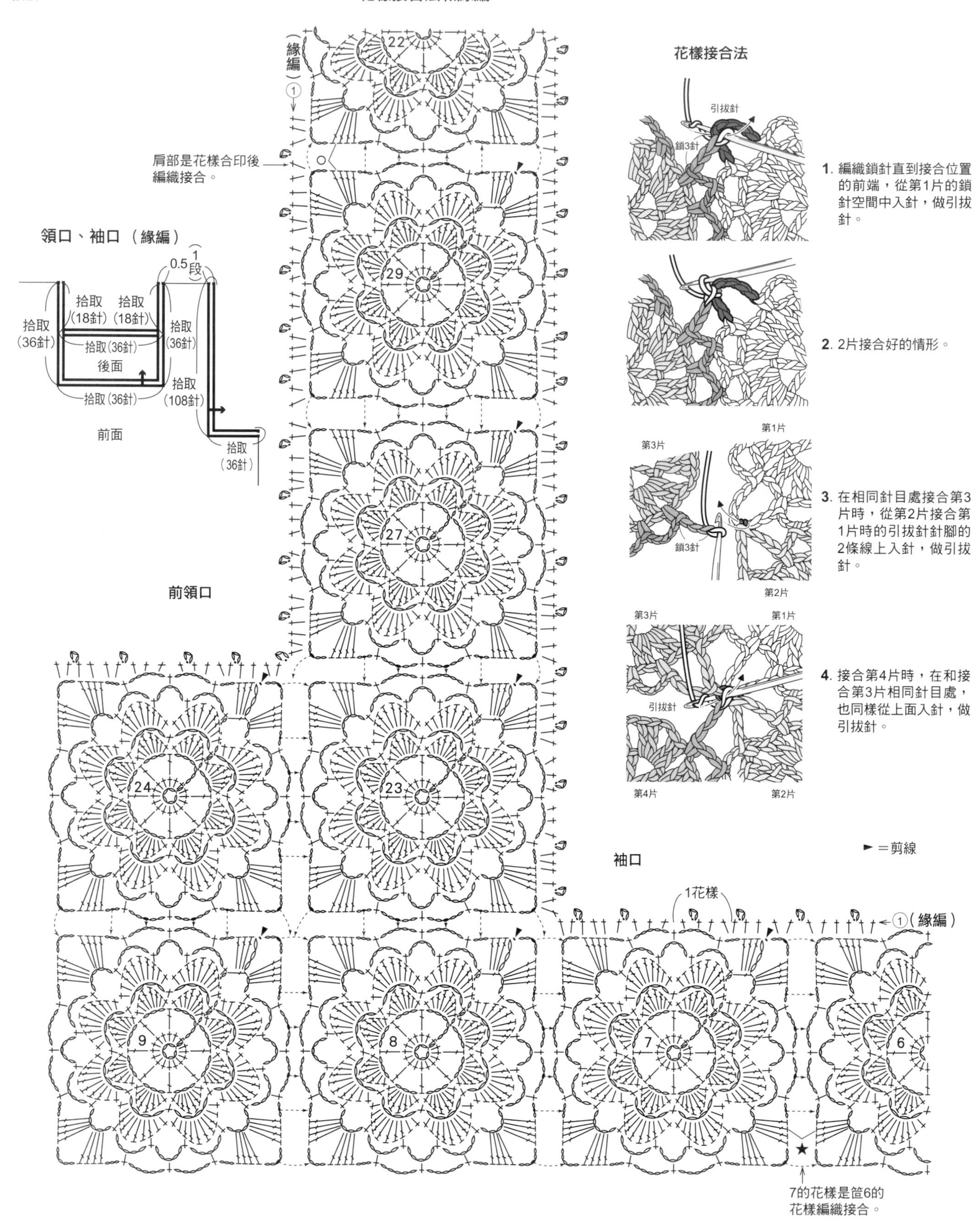

從花樣拾取針

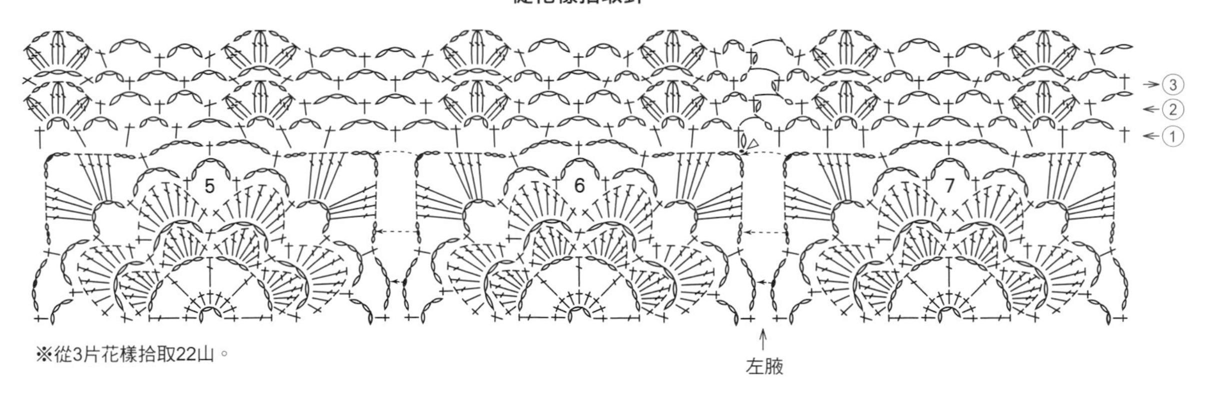

※從3片花樣拾取22山。

左腋

3長針的玉編（挑拾鎖針束）

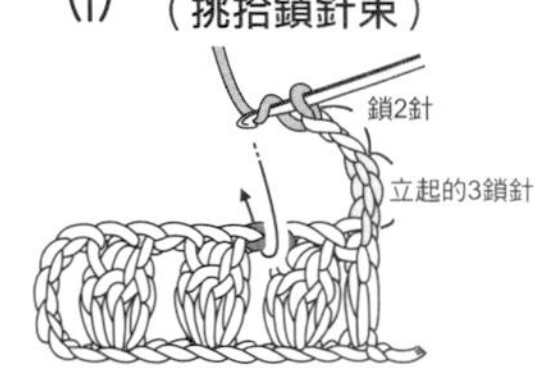

1. 在鉤針上掛線，將鉤針穿過前段鎖針針目形成的線束（可輕鬆穿過），把線鉤出。

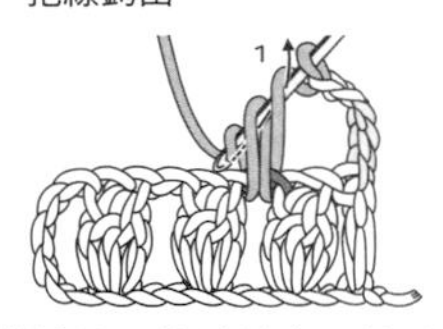

2. 再次掛線後，鉤針從左側的2線圈中引拔拉出，編織未完成的長針。

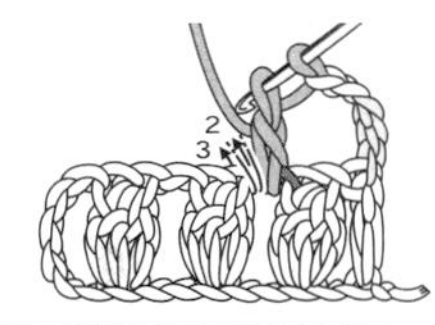

3. 再編織同樣的未完成長針2目。

傘狀身體部分的花樣編和分散加針的織法

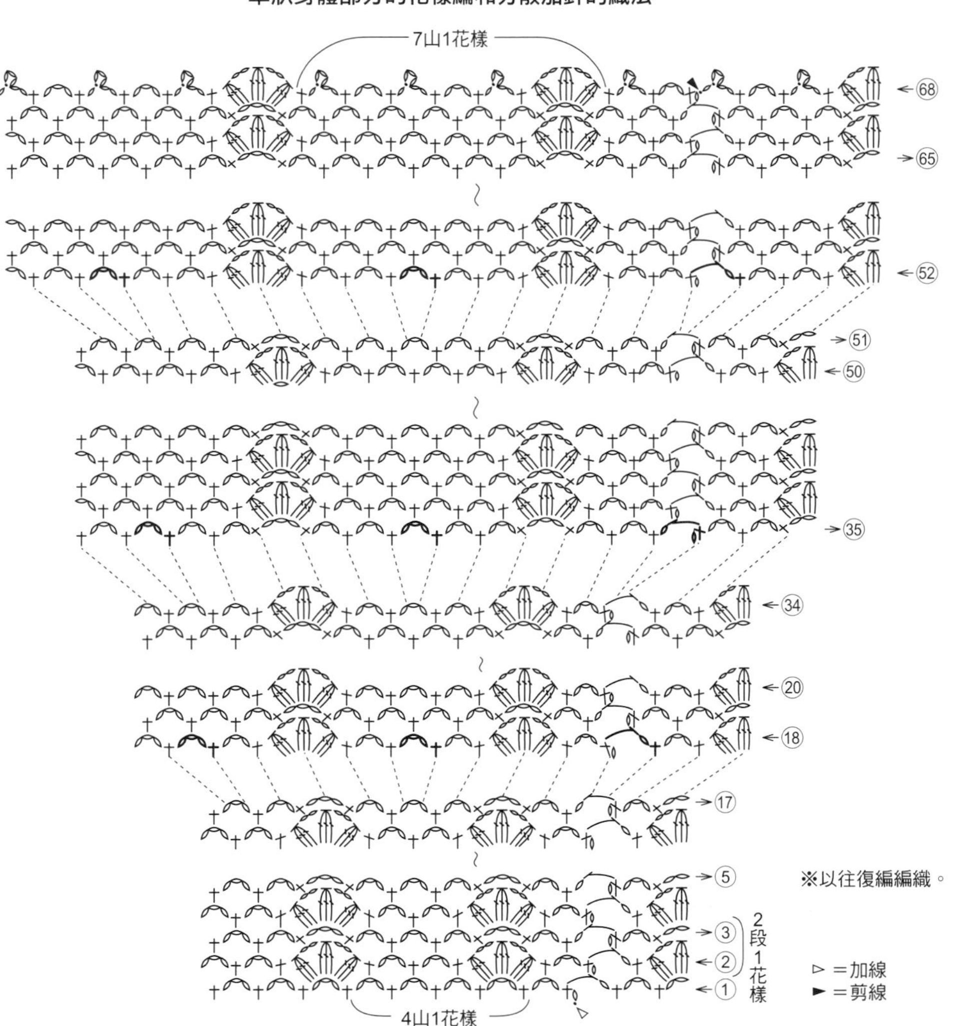

※以往復編編織。

▷＝加線
►＝剪線

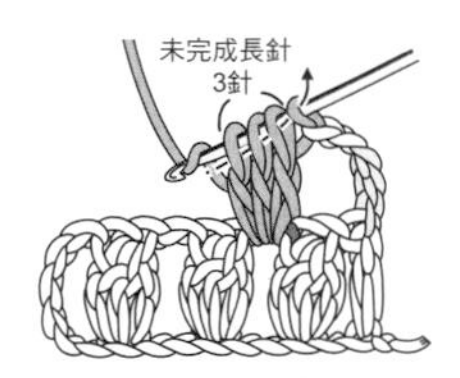

4. 再次掛線後，鉤針從掛線的4線圈中一次引拔拉出。

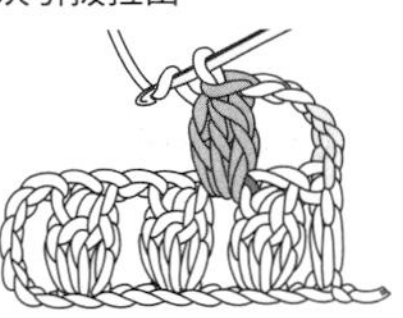

5. 完成3長針的玉編。

※在No.01的作品中，鉤針是將目分開後穿過，編織未完成的長針2目。

※在No.14的作品中，是在1目上編織4目未完成的長針。

No.12 鳳梨圖案的套衫 p.24

■ 線 Olympus Linen Nature 260g＝11卷

1 駝黃（2） 2 褐（4） 3 綠灰（9）
4 藍（10）

■ 針 鉤針5/0號、4/0號

◆ **完成尺寸** 身長43cm 袖長55cm

◆ **編織密度** 領口側 花樣編1花樣8目是3.5cm、10cm是8.5段

織法重點

1 以鎖針織圈環起針開始編織，編織花樣編。
2 請參照標示圖一面分散加針，一面一圈圈編織。
3 最終段是從第14花樣中途開始，在已織好的第12花樣中途一面引拔，一面編織，併縫織片接合成腋下（★）。下襬不要引拔，只是普通編織1片，對面側的腋下，也是在對稱位置做引拔針，一面併縫一面編織（☆）。
4 從袖口、下襬拾取針目編織緣編B和B'。領口編織緣編A。

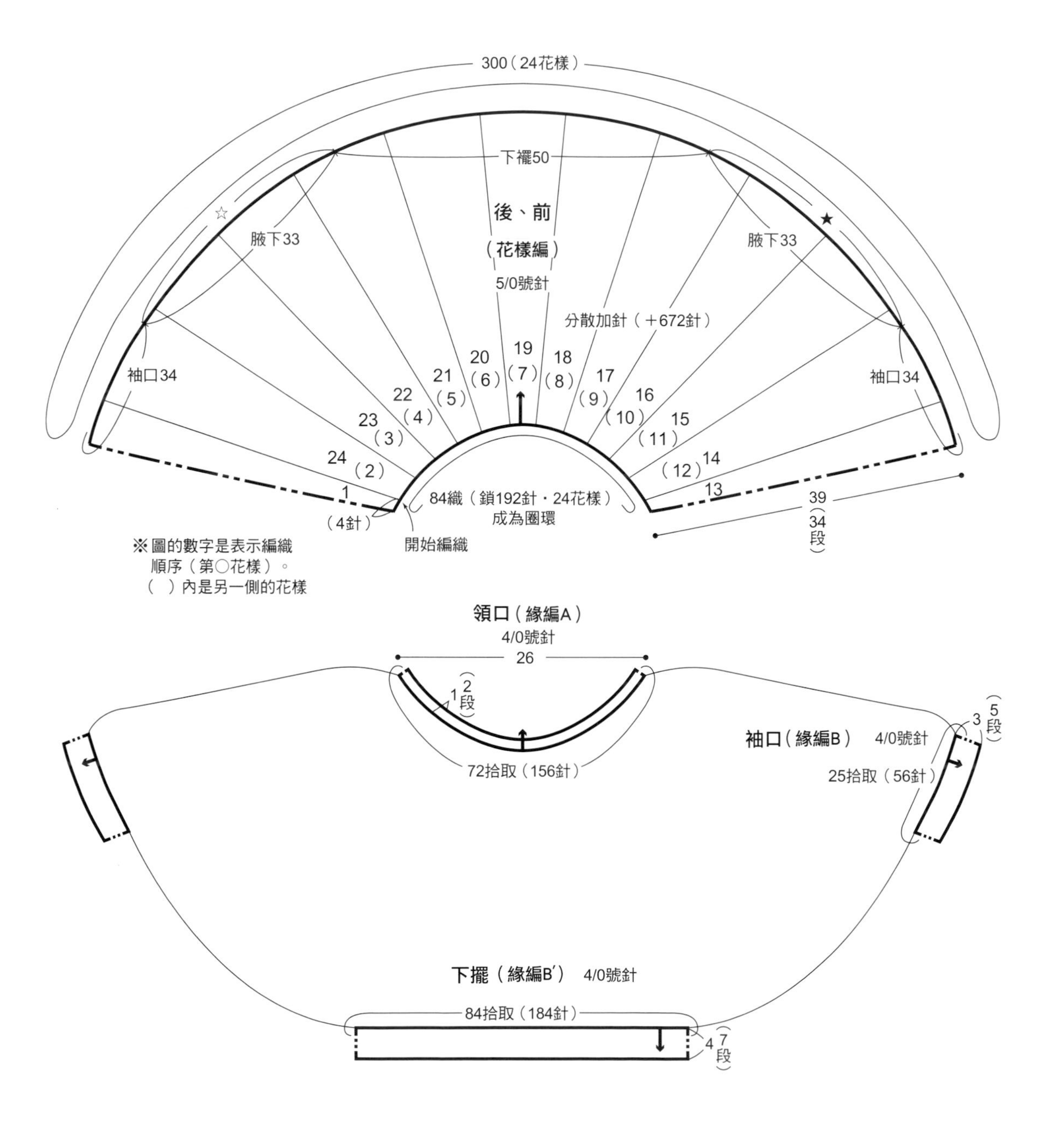

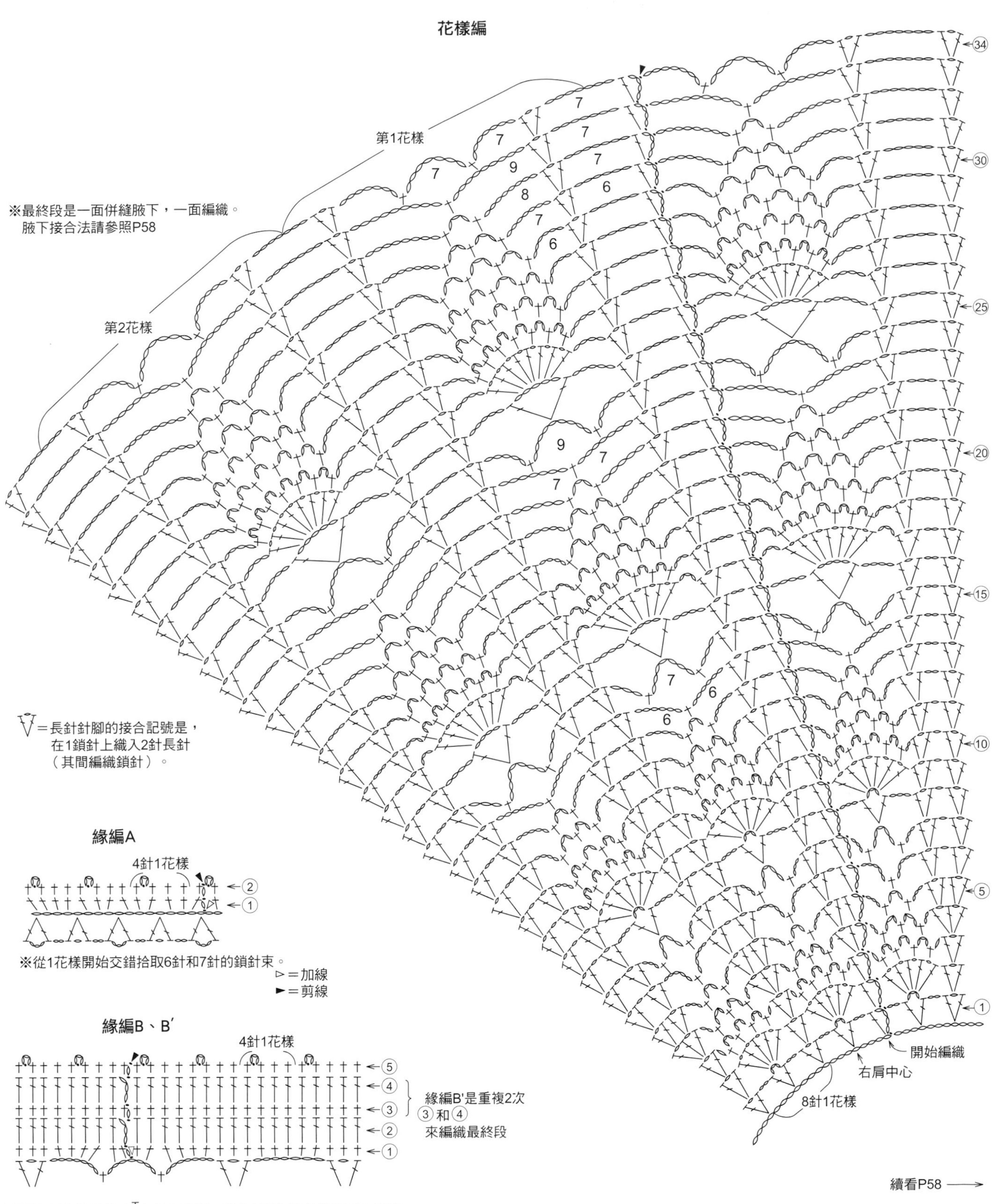

※拾取針針是長針（ ）拾取頂端，其他則是平均在鎖針束上拾取。

※下襬是從1花樣拾取23針，袖口是拾取20針。

→ 接續P57

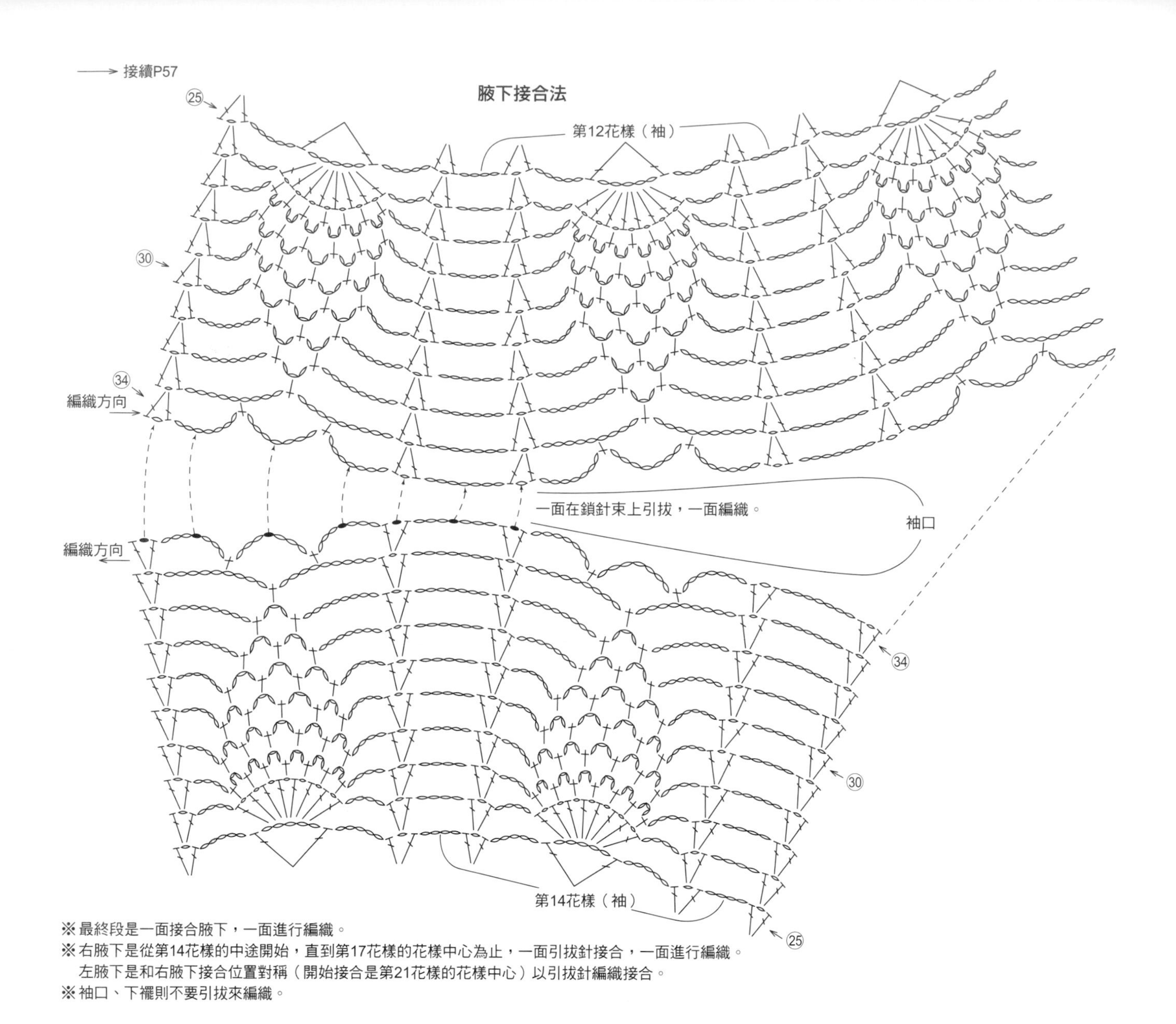

※最終段是一面接合腋下，一面進行編織。
※右腋下是從第14花樣的中途開始，直到第17花樣的花樣中心為止，一面引拔針接合，一面進行編織。
　左腋下是和右腋下接合位置對稱（開始接合是第21花樣的花樣中心）以引拔針編織接合。
※袖口、下襬則不要引拔來編織。

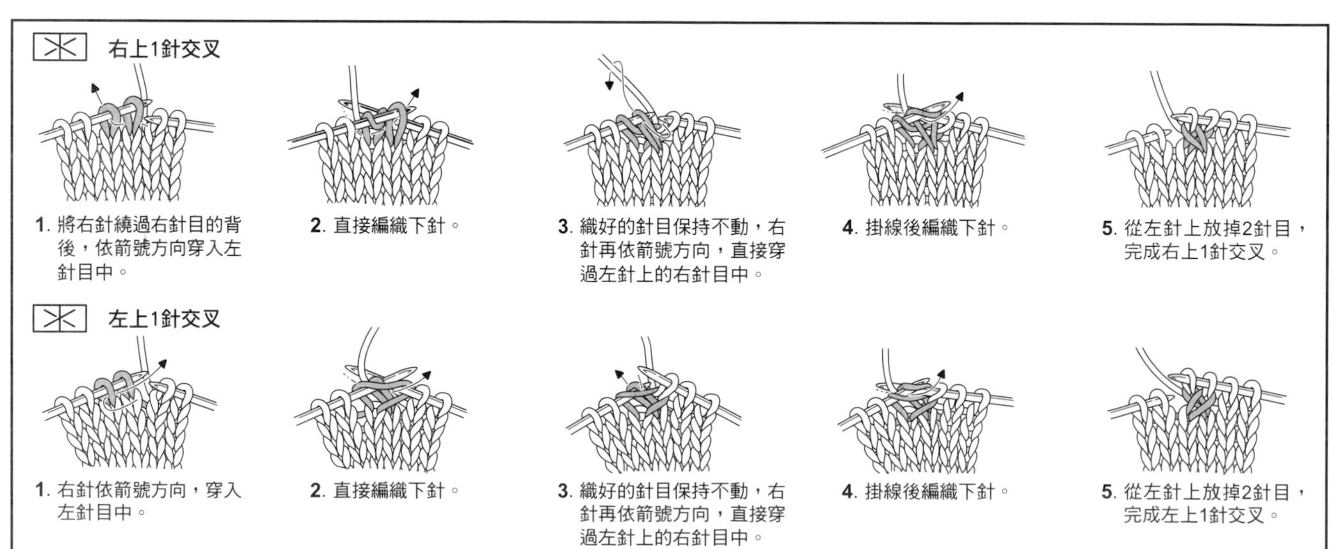

No.11 貝殼編短外套 p.22

■ 線　Diamond毛線　Isis（Cotton）235g＝6卷

（1 藍綠（297）　2 灰（307）　3 銀灰（279））

■ 針　鉤針5/0號

◆ **完成尺寸**　袖長32cm　身長22cm

◆ **編織密度**　10cm正方織花樣編21目・10段

織法重點

1 拾取鎖針起針的裡山開始編織，編織花樣編。後片是從後片中心開始，前片是從前端開始編織。

2 請一面參照圖示，一面編織袖子。袖子是將後片和前片邊端的3鎖針凸編（★、☆）重疊一起拾取併縫，編織成環狀。袖子邊看每段正面邊編織。

3 對面側也以相同的方式編織。後片是從後片中心的鎖針起針拾取針目開始編織。

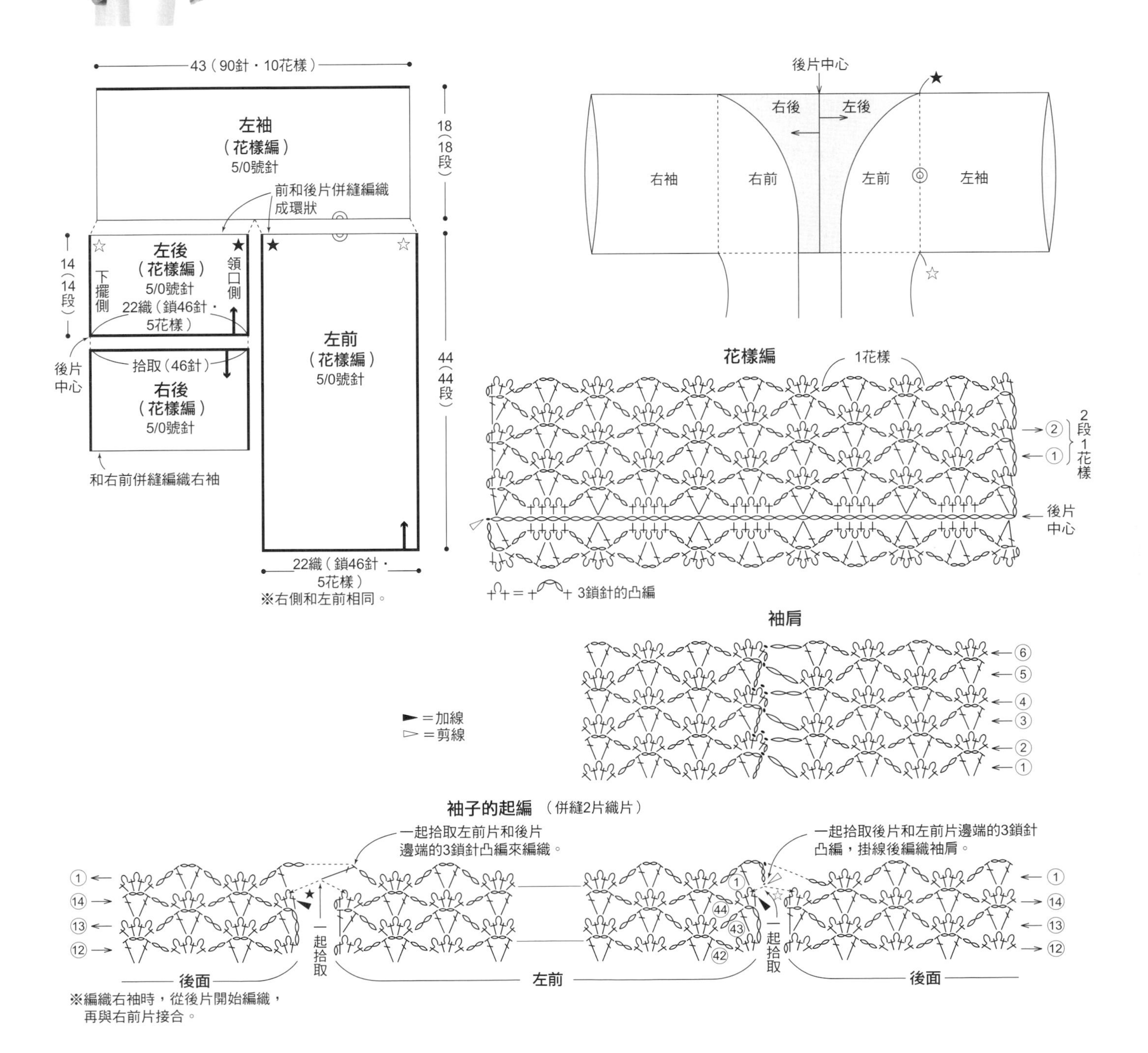

No.13 無袖長罩衫 p.26

■ 線 Olympus Cotton Cuore 底線160g＝4卷、配色線120g＝3卷

底線 1駝黃（2） 2、3米黃（1）
配色線 1褐（16） 2水藍（6） 3藏青（9）

■ 針 鉤針3/0號

◆ 完成尺寸 胸圍88cm 袖長22.5cm 身長62.5cm

◆ 編織密度 10cm正方織花樣編33.5目・12段

織法重點

1 拾取鎖針起針的裡山開始編織，依序編織花樣編和花樣編的條紋。
2 腋下減針請參照標示圖編織。
3 肩部以引拔併縫，腋下則以鎖引拔併縫和身體片接合。
4 下襬、領口和袖口拾取針目後，編織短針的畦編。

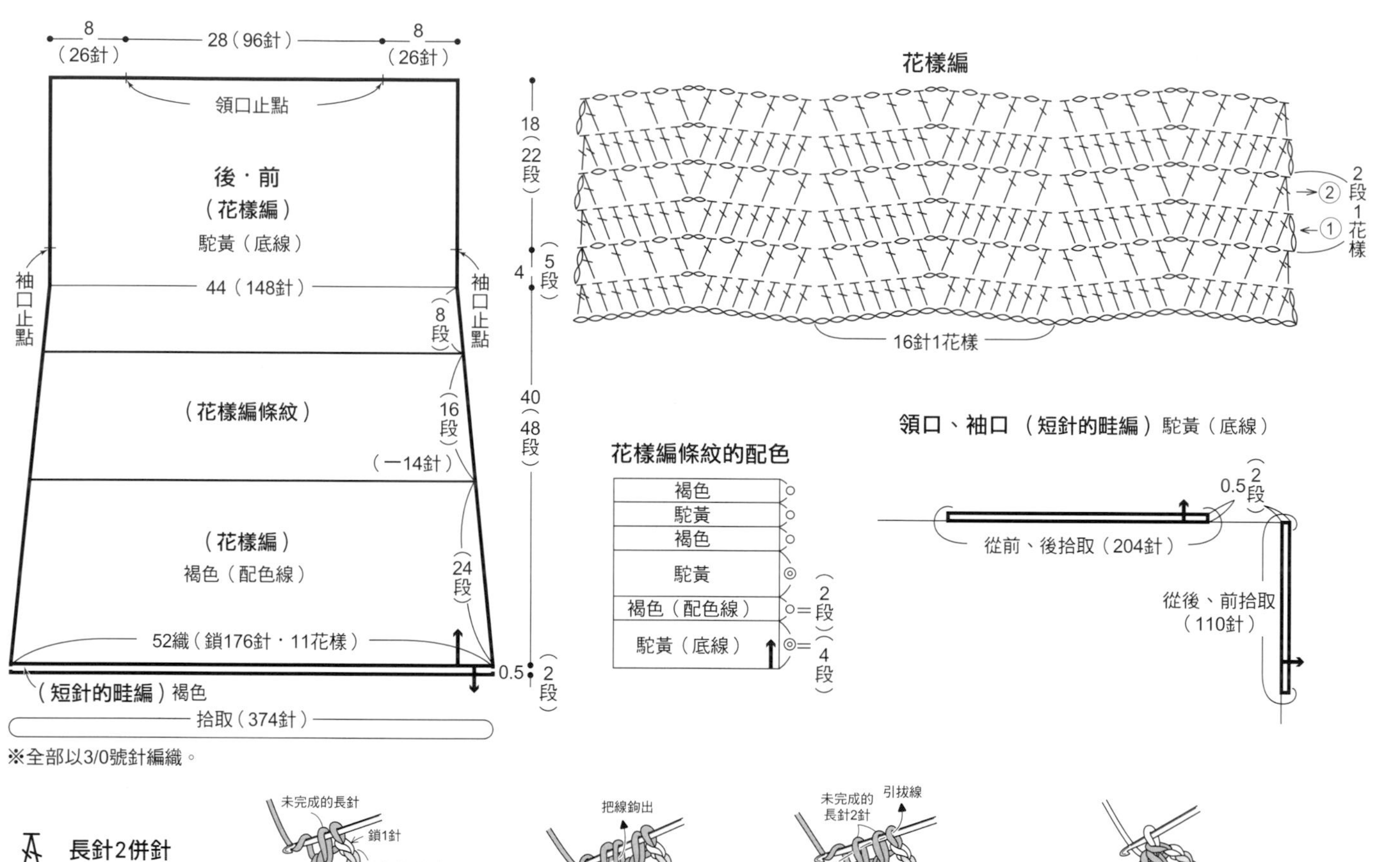

※全部以3/0號針編織。

長針2併針

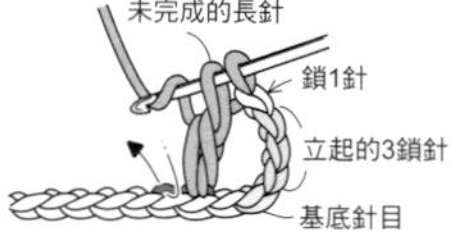

1. 編織1目未完成的長針，掛線後鉤針穿過下一個目。

2. 第2目也是編織未完成的長針。

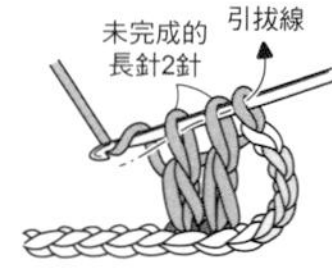

3. 再掛線，然後用掛線的鉤針一次引拔3個線圈。

4. 完成長針2併針。

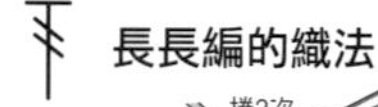

長長編的織法

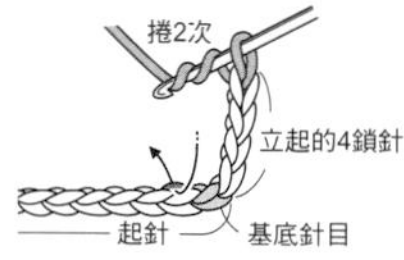

1. 編織立起的4鎖針，在鉤針上掛線繞2圈，穿過第6鎖針的裡山。

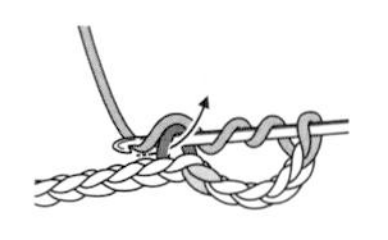

2. 在針上掛線，依箭號方向拉出。

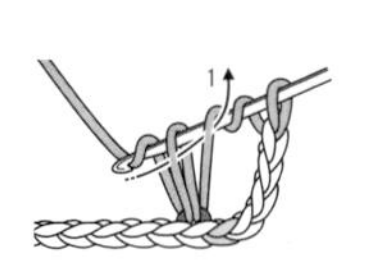

3. 再次掛線，用鉤針從左側的2線圈中引拔拉出。

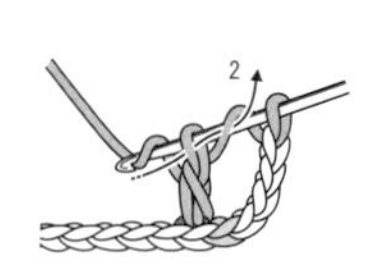

4. 再次掛線，鉤針再從左側的2線圈中引拔拉出。

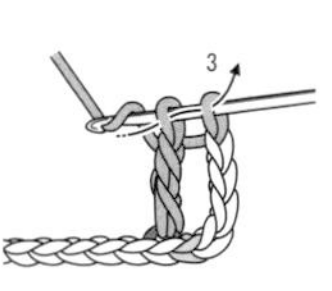

5. 再次掛線，從剩下的2線圈中引拔拉出。

6. 完成長長針。

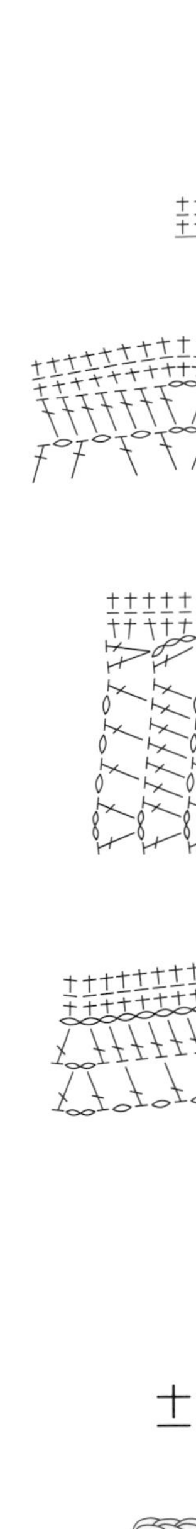

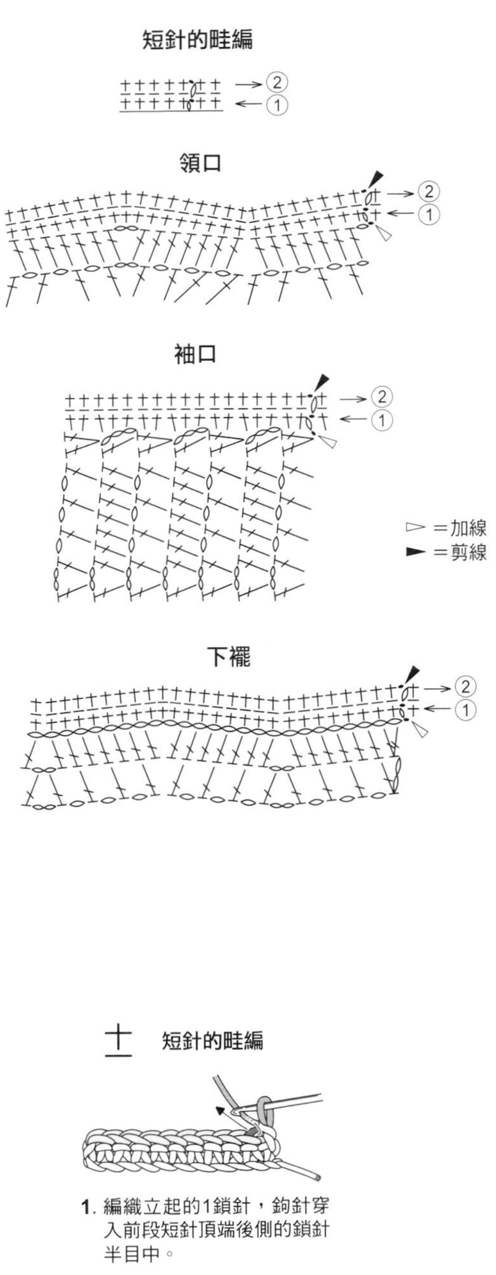

1. 編織立起的1鎖針，鉤針穿入前段短針頂端後側的鎖針半目中。

2. 在鉤針上掛線，引拔拉出編織短針。

3. 短針編織好的情形。接下來也是將鉤針穿過前段短針頂端的後側鎖針的半目來編織。

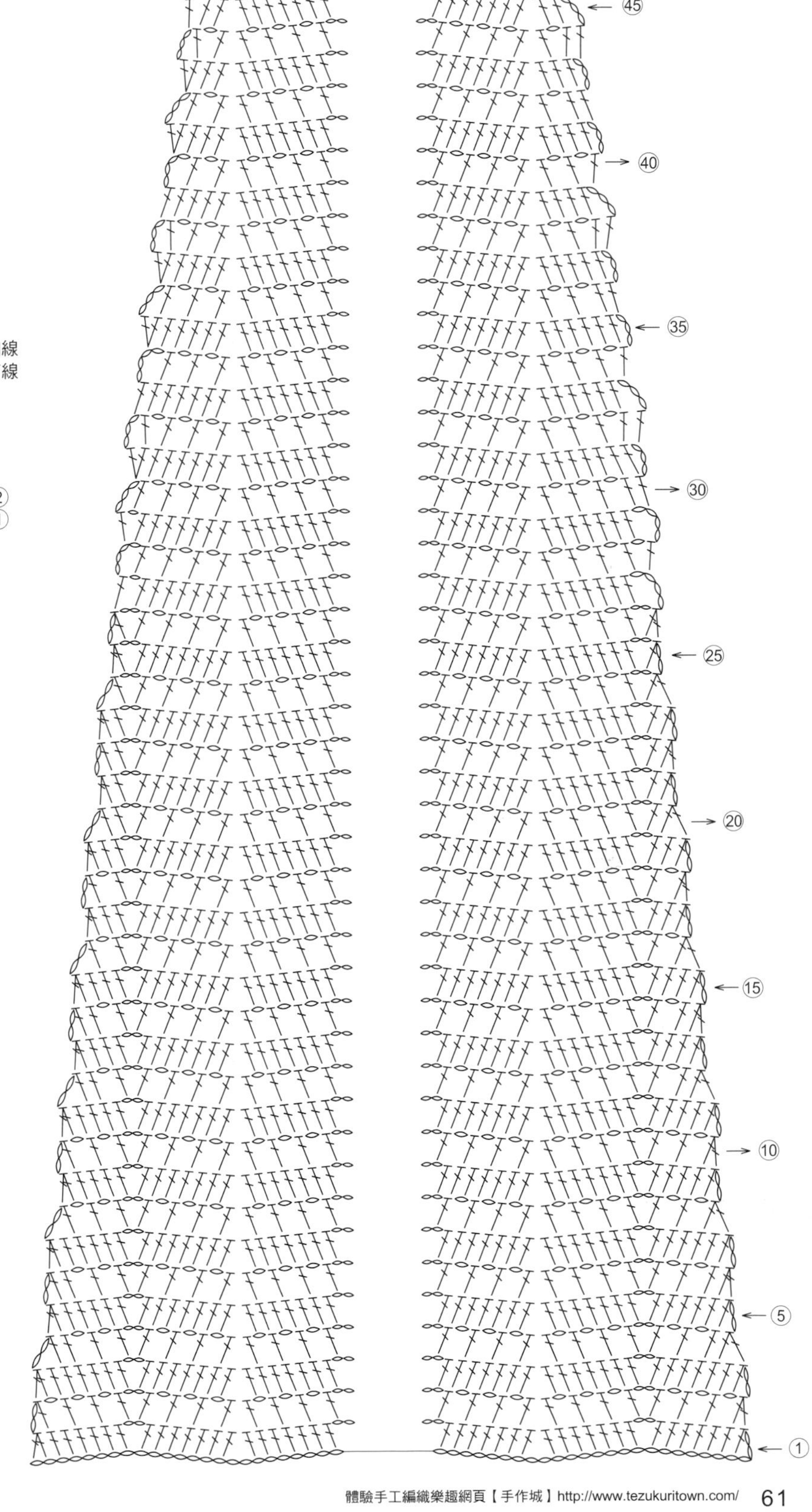

No.14 清爽迷你圍巾 p.28

■ 線 Olympus Wafers 110g＝6卷

1 藍綠（10） 2 檸檬黃（13） 3 白（1）
4 橙駝黃（3） 5 水藍（6） 6 淺綠（4）
7 駝黃（7） 8 米黃（2） 9 深褐（8）

■ 針 棒針7號，鉤針6/0號

◆ 完成尺寸 寬23cm 長125cm（含流蘇）
◆ 編織密度 10cm正方織花樣編17.5目・20.5段

織法重點

1 用手指掛線起針開始編織，編織花樣編。
2 編織到最終段後，最後一面編織上針，一面套收針。
3 繼續編織上下的流蘇和左右的緣編。流蘇是拾取套收針的整個針目，緣編是一面隔段拾取針目，一面編織。邊角請參照標示圖編織。

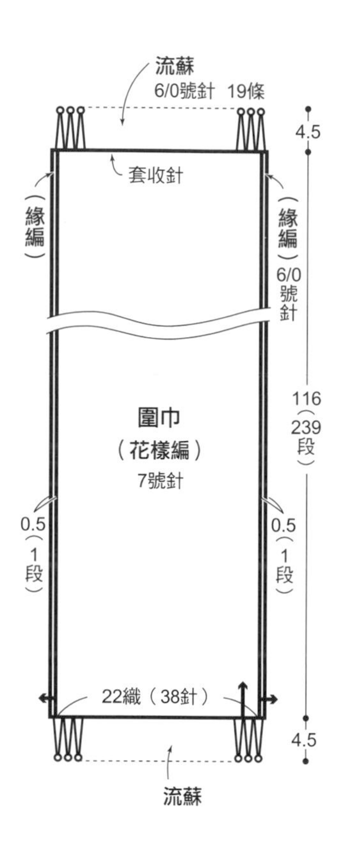

流蘇和緣編

流蘇 19條
剪線
拾取全部針針
從套收針繼續編織
隔段拾針
緣編
流蘇 19條

＝4長針的爆米花編

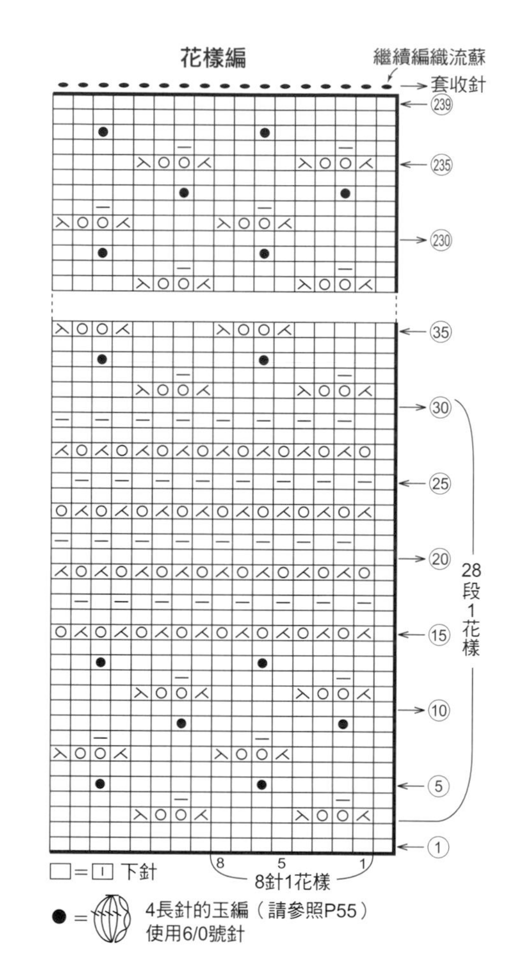

□＝□ 下針

● ＝ 4長針的玉編（請參照P55）使用6/0號針

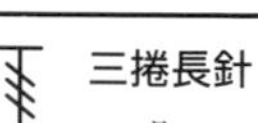

5長針的爆米花編 ＊在No.14的作品中，是織入4長針。

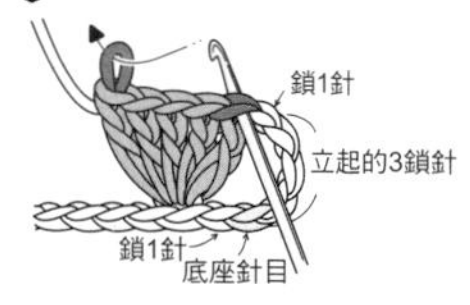

1. 在1鎖針的裡山上織入5長針。鉤針暫時放掉針目，改穿過長針最初的針目和第5目中。

2. 將第5目穿過第1目拉出。

3. 完成5長針的爆米花編。

三捲長針

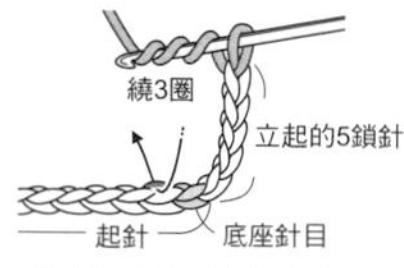

1. 在鉤針上繞線3圈，再從鎖針裡山入針。

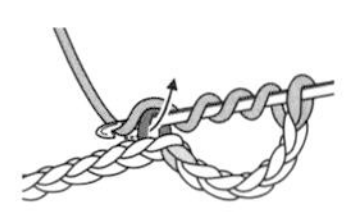

2. 在針上掛線，拉出線至2鎖針份的高度。

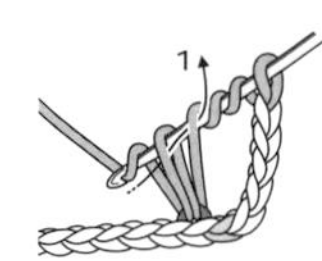

3. 在鉤針上掛線後，從左側2線圈中引拔鉤出。

4. 在鉤針上再掛線後，重複引拔2線圈2次。

5. 再次掛線，再引拔2線圈。

6. 完成三捲長針。

No.15 荷葉邊短上衣 p.30

■ 線 Olympus Cotton Novia 375g＝10卷
（1 淺灰（12） 2 褐（4） 3 駝黃（5） 4 鐵灰（28））

■ 針 鉤針5/0號

■ 附屬品 直徑2.4cm的包釦的裡釦1個

◆ **完成尺寸** 胸圍92cm 背肩寬40cm 身長 43.5cm 袖長39.5cm

◆ **編織密度** 10cm正方織花樣編28目（7山）・12段

織法重點

1. 拾取鎖針起針的裡山開始編織，請一面參照標示圖，一面編織花樣編。
2. 肩部以捲併縫，腋下以鎖引拔來接合。
3. 袖子以往復編織緣編A和B之後，最後以鎖引拔併縫。
4. 拾取開襟邊和下襬的針目，編織緣編A和B。
5. 領口編織緣編C。
6. 在右前片編織釦孔。
7. 編織包釦，縫在左前片。

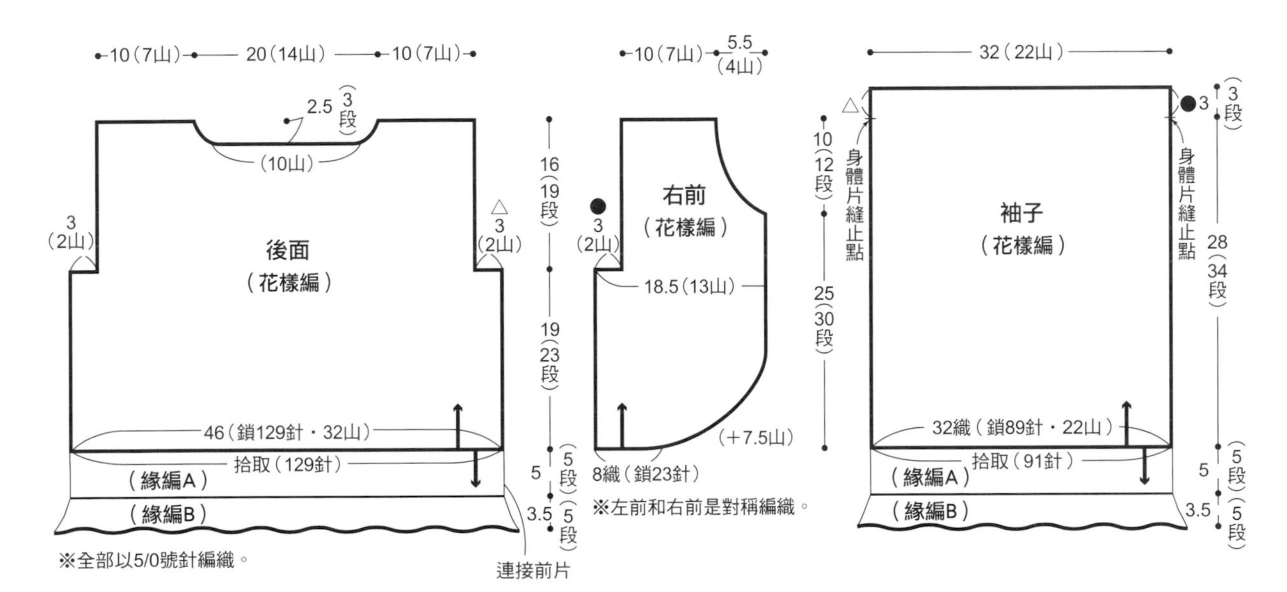

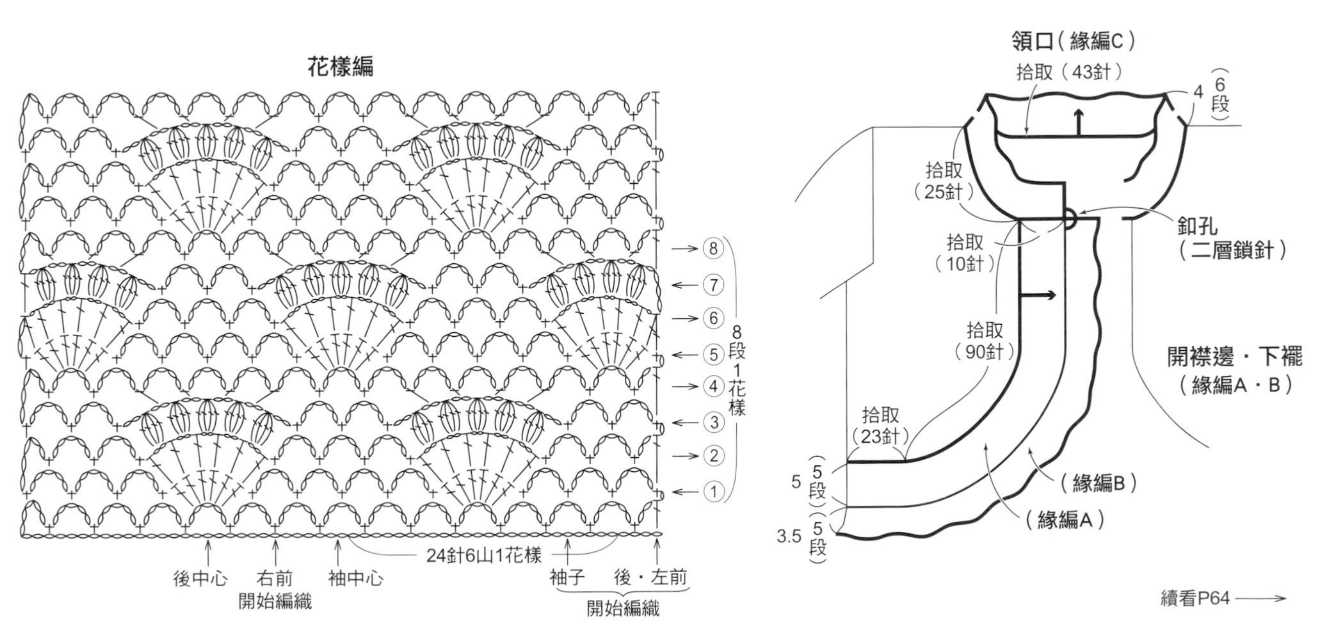

續看P64 →

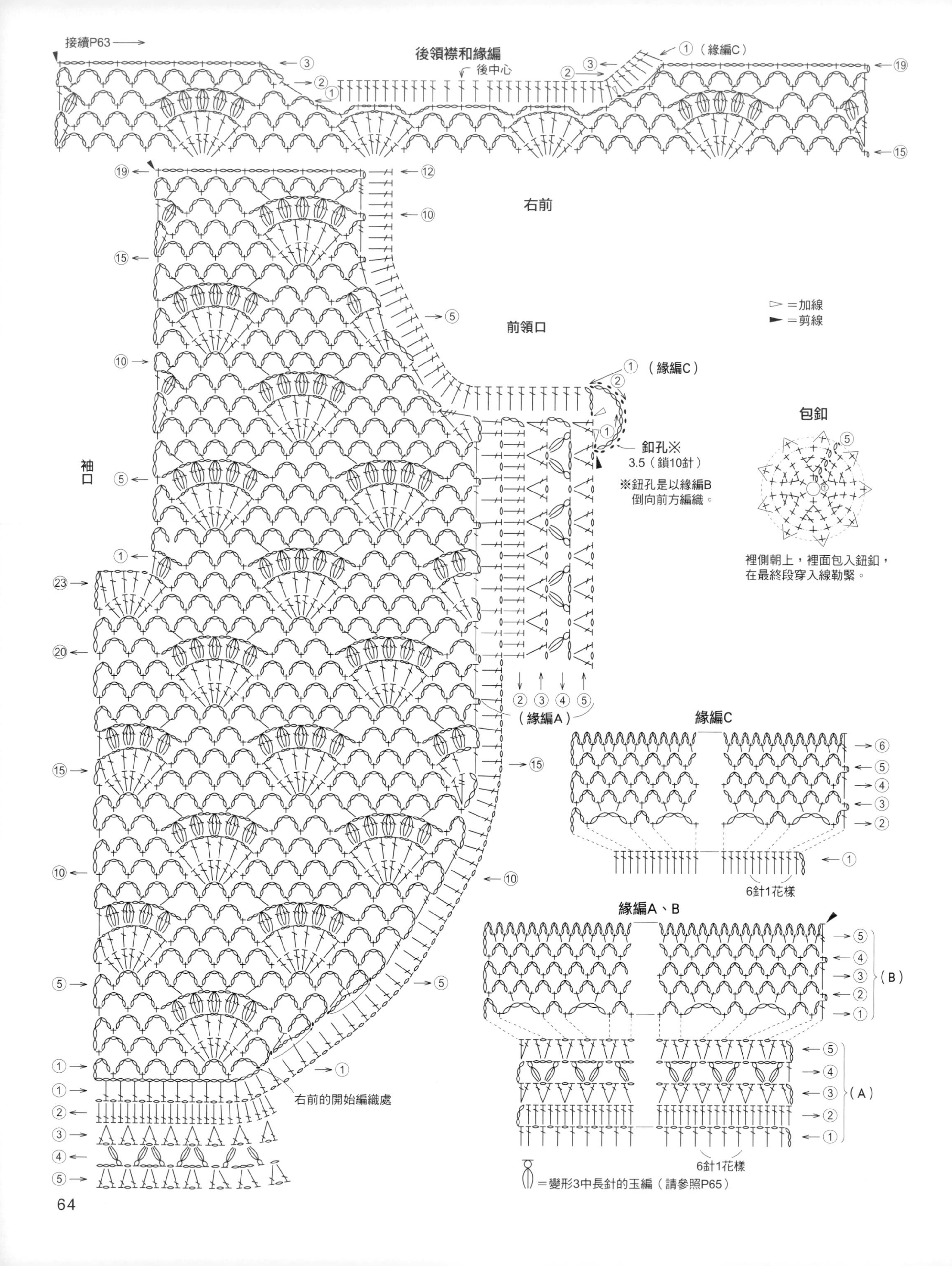
接續P63
後領襟和緣編
後中心
①（緣編C）
右前
前領口
①（緣編C）
釦孔※
3.5（鎖10針）
※釦孔是以緣編B
倒向前方編織。
▷＝加線
▶＝剪線
包釦
裡側朝上，裡面包入鈕釦，
在最終段穿入線勒緊。
袖口
（緣編A）
緣編C
6針1花樣
緣編A、B
（B）
（A）
6針1花樣
右前的開始編織處
＝變形3中長針的玉編（請參照P65）

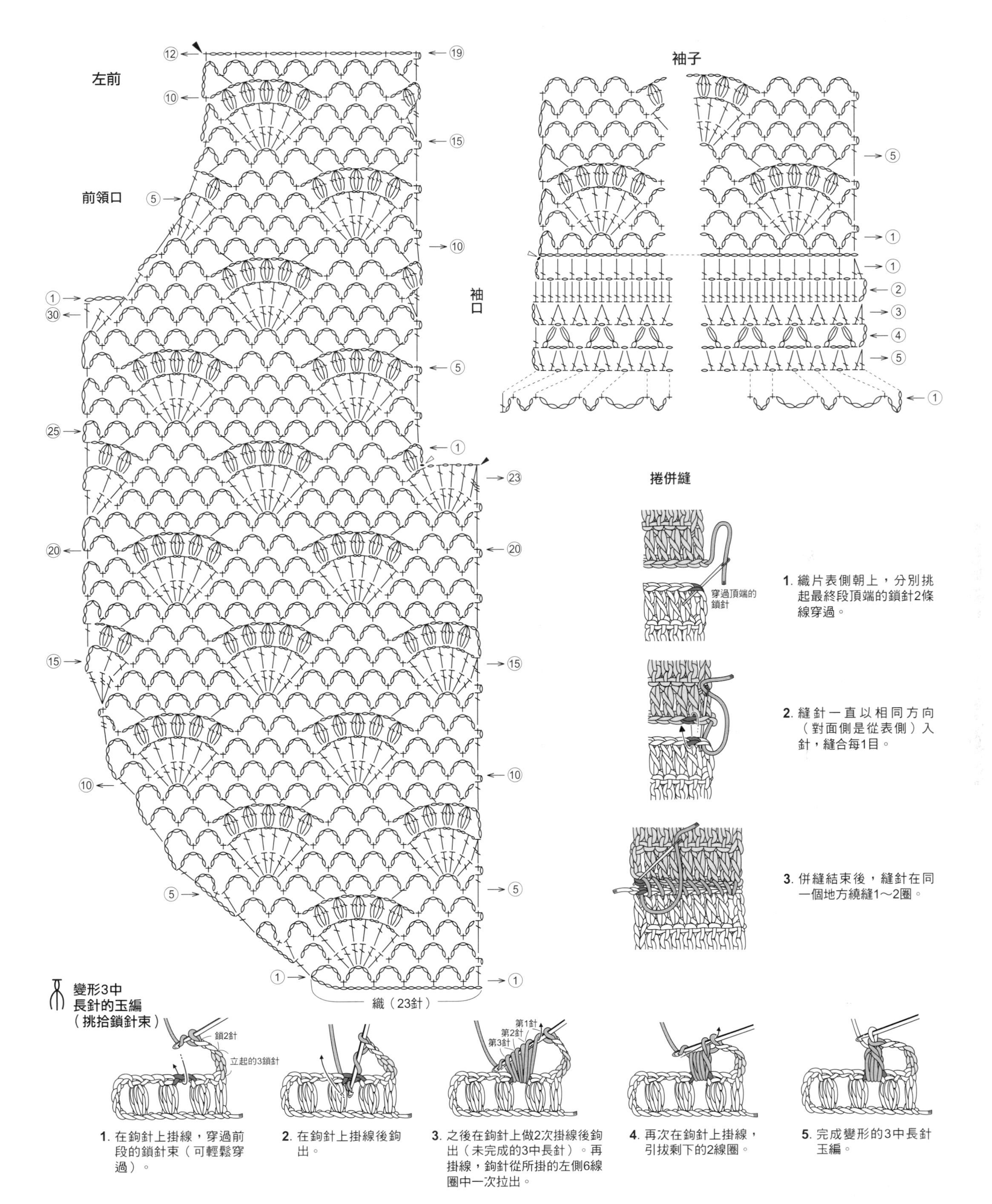
左前
前領口
袖口
織（23針）
袖子
捲併縫
穿過頂端的鎖針
1. 織片表側朝上，分別挑起最終段頂端的鎖針2條線穿過。
2. 縫針一直以相同方向（對面側是從表側）入針，縫合每1目。
3. 併縫結束後，縫針在同一個地方繞縫1～2圈。
變形3中長針的玉編（挑拾鎖針束）
鎖2針
立起的3鎖針
第1針
第2針
第3針
1. 在鉤針上掛線，穿過前段的鎖針束（可輕鬆穿過）。
2. 在鉤針上掛線後鉤出。
3. 之後在鉤針上做2次掛線後鉤出（未完成的3中長針）。再掛線，鉤針從所掛的左側6線圈中一次拉出。
4. 再次在鉤針上掛線，引拔剩下的2線圈。
5. 完成變形的3中長針玉編。

本書使用的線

	作品編號	線名	標準針號數	色數	包裝・線長	品質
	01	HAMANAKA Paume Crochet（植物染）	3 號 3/0 號	6 色	25g巻 約107m	棉100%（純有機棉）
	04　07 10	HAMANAKA 柔棉	7〜8 號 6/0 號	14 色	40g巻 約106m	棉70%・ 聚酯（polyester）30%
	06　16	HAMANAKA 水洗棉（Crochet）	3/0 號	20 色	25g巻 約104m	棉64%・聚酯36%
	09	HAMANAKA Flax K	5〜6 號 5/0 號	8 色	25g巻 約62m	麻（linen）78%・棉22%
	03　15	Olympus Cotton Novia	5〜6 號 4/0〜5/0 號	23 色	40g巻 約105m	棉100%
	12	Olympus Linen Nature	3/0〜4/0 號	10 色	25g巻 約78m	麻（linen）50%・棉50%
	13	Olympus Linen Nature	3/0〜4/0 號	16 色	40g巻 約170m	棉100%（埃及棉）
	14	Olympus Cotton Cuore	5〜6 號 4/0〜5/0 號	14 色	20g巻 約56m	棉100%
	02	Olympus Wafers	5〜6 號 5/0〜6/0 號	23 色	40g巻 約100m	棉47%・壓克力（acryl） 47%・聚酯6%
	11	Diamond毛線 A·LA·EL	5〜7 號 5/0〜6/0 號	22 色	40g巻 約108m	棉100%（埃及棉）
	05	Diamond毛線 Isis（Cotton）	4〜6 號 4/0〜6/0 號	25 色	40g巻 約110m	棉100%
	08	Puppy（パピー） Cotton Kona Daruma手織線　咖啡樹蔭	10〜11 號 6/0〜7.5/0 號	7 色	25g巻 約100m	指定外纖維 （和紙）100%

●圖中的線為實物大小，讀者如需參考「線的顏色」，請見本書封底摺口。

本書編織品運用的基本技法

●棒針編織

起針	p. 34	引拔併縫	p. 35
下針（表針、低針）	p. 34	挑針併縫	p. 36
上針（裡針、高針）	p. 34	中上3併針	p. 43
掛針	p. 34	左上2併針（上針）	p. 44
左上2併針	p. 34	3針的編出加針	p. 48
右上2併針	p. 35	目和段的併縫	p. 49
套收針	p. 35	平面編的併縫	p. 52
左上3併針	p. 35	右上1針交叉	p. 58
右上3併針	p. 35	左上1針交叉	p. 58

●鉤針編織

起針	p. 36	短針的筋編	p. 51
短針	p. 37	花樣織片的接合法	p. 54
中長針	p. 37	3長針的玉編（挑拾鎖針束）	p. 55
長針	p. 37	長針2併針	p. 60
引拔針	p. 37	長長針的織法	p. 60
引拔併縫	p. 37	短針的畦編	p. 61
鎖引拔併縫（鎖針和引拔針的併縫）	p. 37	5長針的爆米花編（popcorn編）	p. 62
3鎖針的凸編（picot編）	p. 40	三捲長針	p. 62
逆Y字編	p. 40	變形3中長針的玉編（挑拾鎖針束）	p. 65
3中長針的玉編	p. 50	捲併縫	p. 65